区域中心城市生态城市建设研究
——以兰州市为例

李丽娟　著

科学出版社
北　京

内 容 简 介

本书针对实践中亟须解决的相关问题，以我国33个区域中心城市（27个省会城市、4个直辖市及生态城市建设较好的青岛市和深圳市）为参照研究对象，重点研究兰州市生态城市建设。参照国内外经济、社会和生态环境协调发展典型城市的标准，运用相关方法，从分析城市生态环境系统、经济系统、社会系统的相互关系入手，构建城市生态-经济-社会复合系统。从经济、社会、环境的角度出发，构建可持续发展评价指标体系，并对兰州市生态城市建设的可持续发展能力进行定量评估，从生态经济发展中的主导生态产业选择和生态城市建设中的空间道路交通及绿地系统规划方面提出兰州生态城市建设构想。

本书可供地理学、管理学、区域经济学等领域的研究者、城乡规划管理部门的专业技术人员及政府相关部门的管理者参考。

图书在版编目(CIP)数据

区域中心城市生态城市建设研究：以兰州市为例/李丽娟著. —北京：科学出版社，2017

ISBN 978-7-03-054353-0

Ⅰ. ①区… Ⅱ. ①李… Ⅲ. ①生态城市-城市建设-研究-兰州 Ⅳ. ①X321.242.1

中国版本图书馆CIP数据核字（2017）第216452号

责任编辑：吴卓晶 张 红 / 责任校对：刘玉靖
责任印制：吕春珉 / 封面设计：北京睿宸弘文文化传播有限公司

科学出版社 出版
北京东黄城根北街16号
邮政编码：100717
http://www.sciencep.com

北京中科印刷有限公司印刷
科学出版社发行 各地新华书店经销
*
2017年12月第 一 版 开本：B5（720×1000）
2017年12月第一次印刷 印张：7 1/2 插页：6
字数：164 000

定价：90.00元
（如有印装质量问题，我社负责调换〈中科〉）
销售部电话 010-62136230 编辑部电话 010-62143239（BN12）

前　言

生态城市是人类文明发展到一定阶段的必然产物。本书共7章，包括城市化产生的时代背景、思想渊源和理论基础，国内外生态城市建设实践与总结，城市生态经济社会复合系统及综合评价指标体系的构建，生态城市建设综合评价实证研究及应用，西北地区生态城市建设落后原因分析，兰州市生态城市建设差异分析，兰州市生态城市建设构想等内容，具体介绍如下：

第1章主要阐述本书研究的背景、目的、意义和主要研究内容与研究方法等。

第2章梳理国内外相关文献及研究进展。

第3章基于城市生态-经济-社会复合系统的构建与内在联系，构建生态城市建设综合评价指标体系。

第4章运用因子分析，对生态城市建设进行评价，并构建生态城市建设模型。借助我国33个区域中心城市分年度纵向综合评价比较，探讨兰州生态城市建设在全国区域中心城市生态城市建设中的情况。

第5章通过分析西北地区生态城市建设落后原因，对兰州市生态城市建设的差异进行分析。

第6章依据兰州市生态经济发展的基本情况，对兰州市主导生态产业进行选择，并以可持续的科学发展观理念进行生态城市建设规划。

第7章的主要结论如下：

（1）认为天人合一的哲学思想、城市可持续发展理论、城市生态规划理论可作为生态城市研究的理论基础。

（2）认为生态城市是生态-经济-社会复合系统。

（3）认为兰州市迫切需要提升生态城市建设水平，尤其是在选择发展支撑生态经济主导产业方面。

（4）认为生态城市基础建设的重点内容是城市空间道路交通布局及城市绿地系统建设。

（5）认为兰州市生态城市建设的模式为：利用兰州市自然资源的优势，在现有山水城市的基础上，设计并构建合理的城市发展空间，充分调动一切促进兰州市经济、社会发展的力量，按照生态安全、生态卫生、生态产业、生态景观和生态文化的层面逐步深入，让兰州市生态城市建设成为城乡共荣的、人与自然和谐共处的生态-经济-社会协调发展的城市。

限于水平、经验和时间，本书难免存在不足之处，敬请广大读者与同仁批评指正。

李丽娟

2017 年 7 月

目　录

第1章 绪 论

1.1 研究背景

城市是人类创造的文化，也是人类社会文明的象征，更是人类从适应、利用、改造环境到重建环境的必然产物。它总是伴随社会生产力发展要求下的分工合作而产生，以自然生态环境的支撑为条件，依靠科技创新驱动下的自然力转化和经济、文化、政治凝聚与辐射能力的增强而壮大，且为满足人口的就业需求和生活质量的不断提高所完善。城市化、信息化、工业化是当今推动经济社会发展的三个重要方面。信息化带动工业化，工业化推进城市化，城市化是信息化、工业化的实现载体，从而促进整个社会的现代化，这是我国现阶段经济社会发展的一项基本战略。城市化是人类历史长河中不断集聚资源、集聚财富、集聚能力的连续进程，也是不断更新自己的生存方式与生产方式的连续进程。城市化是经济增长和区域发展的“火车头”，也是引领财富集聚和社会进步的“带头羊”。在全国推进城市化的进程中，城市人口的地域集结和城市经济的地域集聚，必然会带来城市规模的地域扩展和城市景观的地域扩散，以及城市生态系统的地域平衡。一方面，城市对资源大量开采，使资源消耗超出了自然界的补给能力，造成生态破坏；另一方面，城市排放的工业污染物和生活污染物超出了环境容量和环境的自净能力，造成环境污染。这种状况的持续发展造成自然生态系统的恶性循环，使人类走上一条不可持续发展的道路。如何以科学发展观为指导，走新型工业化道路，以建设资源节约型和环境友好型城市为目标，实现城市经济、社会和环境协调发展，是国家在城市化过程中必须解决的重大课题。

甘肃省位于我国西部，地处黄河上游，地域辽阔。甘肃省是西北地区的交通枢纽，经济欠发达，与国内其他省市相比，城市化率较低。从汉代起，兰州市即作为要津（渡口）和货物转运站，成为丝绸之路的要冲。十六国时期，西秦王国即以金城（兰州古名）为都城。清代，兰州市成为农区、牧区间茶马互市的总站，西北的交通、贸易、军事要地。中华人民共和国成立后，兰州市又成为新兴的工业城市和教育科研中心，西北地区第二大城市。“十二五”期间，兰州市把生态立市和建设生态城市作为未来发展的主要目标：全市分为西南部林草植被水源涵养区、中部旱生植被水土保持区、城市人工生态区、北部防风阻沙屏障区四个生态功能区依次进行生态建设布局；以市区为中心、城镇为辐射点，自然生态板块为基本面，构建城乡一体的生态网络体系；努力打造经济高效、环境优美、人与自然和谐的生态兰州。生态城市作为一种新生事物，还未见集理论、评价、发展模式和政策研究等一体化的综合性研究。为顺应国内外加快城市化发展的趋势，解决兰州市在构建环境友好型社会和生态城市建设过程中可能出现的问题，本书基于如下考虑进行选题。

1.1.1 基于城市化发展现状的学习与了解

18 世纪发生的工业革命，促进了社会生产力和科学技术的较大发展，增强了人类认识和改造自然的能力，使人对自然环境的依赖程度逐渐减弱。人类从半服从于自然的地位上升到统治自然的新地位，并在地球上开始了改造自然的壮观场面。但面对一次次的“胜利”，人类同时也得到自然苦涩的“回报”——生态环境问题。伴随着城市化在全球的推进，人口激增、资源锐减、生态失衡、环境破坏等问题已经到了一触即发的程度，造成了自然生态系统的恶性循环，使人类走上了一条不可持续发展的道路。

20世纪80年代，人们从历史的经验教训中开始认识到，一定要协调好人与自然的关系，实施全球性的战略和政策，把世界引入经济与环境协调发展的状态。但在这方面，发达国家走过的是一条先污染后治理的道路。先污染后治理是生态破坏和环境污染形成后的一种被动补救措施，虽然能够解决环境污染问题，但不能从根本上解决生态破坏问题，而且污染治理本身也需要支付较大的成本，还要消耗大量的物质和能源，其本身也是不可持续发展的。直到1992年联合国环境与发展大会召开，可持续发展战略成为世界各国的共识后，人类才开始从生产方式和经济增长方式上研究经济与环境的协调发展问题，并结合各国实际情况制定本国的可持续发展战略。

我国政府积极响应联合国的号召，制定了《中国21世纪议程》，中国共产党第十五次全国代表大会把可持续发展作为我国的经济发展战略。中国共产党第十六次全国代表大会提出全面建设小康社会奋斗目标的同时，提出推动整个社会走上生产发展、生活富裕、生态良好的文明发展道路。中国共产党第十六届中央委员会第三次全体会议提出“坚持以人为本，树立全面、协调、可持续的科学发展观”。中国共产党第十六届中央委员会第四次全体会议提出构建社会主义和谐社会的目标。中国共产党第十六届中央委员会第五次全体会议提出进一步转变经济增长方式，建设资源节约型、环境友好型社会。中国共产党第十七次全国代表大会提出要建设生态文明，基本形成节约能源资源和保护生态环境的产业结构、增长方式、消费模式。中国共产党第十七届中央委员会第五次全体会议提出要加快建设资源节约型、环境友好型社会，提高生态文明水平，积极应对全球气候变化，大力发展循环经济，加强资源节约和管理，加大环境保护力度，加强生态保护和防灾减灾体系建设，增强可持续发展能力。所有这些都表明党对社会主义发展规律的深刻认识，是对人类社会发展规律和社会主义市场经济条件下经济社会发展规律认识的升华，为正确处理城市环境与发展的关系、实现城市可持续发展指明了方向。生态城市的提出是个渐进的过程，从霍华德提出田园城市开始，随着人与自然的矛盾日益尖锐，人类开始探索新的城市发展模式，追求人与自然和谐的生态文明，绿色城市、森林城市、生态城市的一系列概念也被相继提出，拉开了生态城市研究的序幕。20 世纪 80 年代后，各种思想理论的相继提出，使生态学开始与环境问题、城市问题不断地结合，对后世的城市建设产生了重大的影响。

1.1.2 基于未来城市化模式的思考与创新

当代世界城市化发展的主要特点是，发展中国家成为城市化浪潮的主体，居住在大城市的人口增多，大城市发展速度加快，世界经济将发生结构性变化，服务业、交通业、通信业等第三产业将成为城市发展的主要动力。目前，我国能源、矿产资源、水、耕地等主要资源人均占有量不足世界平均水平的 1/2 或 1/3，单位 GDP（国内生产总值）能耗是世界平均水平的 3 倍。预计到 2020 年，我国人口将达到 14 亿～15 亿，人均资源占有量将持续下降，人均资源消耗量也将显著增加。如果不改变资源结构与利用方式，资源短缺、环境问题、社会问题将严重制约我国城市经济社会的发展。国内外经济和社会发展的实践已经证明，无论哪个国家和地区，经济和社会的发展都有一个从农业经济到工业经济、从以农业社会为主到以城市化社会为主的进程，没有城市化就没有一个国家或地区的现代化，这是一种规律性的发展趋势，任何国家和地区都不能例外。城市化带来了人类社会经济的繁荣，但同时也出现了资源耗竭、环境污染和生态破坏等生态问题。同时，城市化也在一定程度上直接威胁到人类自身的可持续发展，并带来了显而易见的物质财富的集聚，但作为城市核心的人的处境往往被忽略了，城市的高度发展和快节奏的生活方式，同时也给人们的心理上造成了很大的压力，引发了许多社会心理问题。然而，无数事实证明，人类无法回避城市化，世界城市化进程正以迅猛之势推进。面对城市化所带来的严峻的环境资源问题，人们开始对原有的生存空间、生活方式和价值观念进行反思。

可持续发展概念的提出，进一步推动人们对城市发展未来模式的思考。关于城市未来发展的理论也一直是丰富多彩的，但相当多的城市未来发展的理论是从不同学科提出的，包括信息城市、全球城市、地方城市（文脉城市）、山水城市、步行城市、无汽车城市、健康城市、生态城市、绿色城市、可持续发展城市等，其中追求人与自然的健康与活力的生态城市不仅为人们提供了解决既有城市问题的可行方案，还提供了实现可持续发展目标的可行途径。面对日益突出的城市问题，国内外一些城市的管理建设者和专家学者开始探索用生态学的原理指导现代城市的发展，进行了一些局部性和尝试性的实践，并积累了一些初步的经验。生态城市是从生态系统的角度综合看待城市，它不仅反映了人类谋求自身发展的意愿，更重要的是它体现了人类对人与自然关系的更加丰富的规律的认识。因此，生态城市理论具有极强的融合性和极大的发展空间，从其诞生之时，就得到广泛重视。城市走生态化发展之路，为城市发展提出了明确的目标——建设生态城市。“生态城市”是在联合国教科文组织发起的“人与生物圈计划”（Man and the Biosphere Programme，MAB）研究过程中提出的一个概念。它的内涵随着社会和科技的发展，不断得到充实和完善。苏联生态学家Yanitsky（1987）、美国生态学家Register（1987）等国内外学者对生态城市进行了研究。生态城市现已超越了保护环境，即城市建设与环境保持协调的层面，还融合了社会、文化、历史、经济等因素，向更加全面的方向发展，体现的是一种广义的生态观。生态城市是城市生态化发展的结果，简单地说，它是社会和谐、经济高效、生态良性循环的人类住区形式，自然、城、人融为有机整体，形成互惠共生的结构。生态城市的发展目标是实现人—自然的和谐（包含人与人和谐、人与自然和谐及自然系统和谐三方面内容），其中追求自然系统和谐、人与自然和谐是基础和条件，实现人与人和谐才是生态城市的目的和根本所在，即生态城市不仅能“供养”自然，而且满足人类自身进化、发展的需求，达到“人和”。

1.2 研究目的与意义

自20世纪70年代以来，伴随人口膨胀压力、信息科学技术的突飞猛进和全球经济一体化浪潮的推动，城市的普遍化和规模化成为人类社会发展的支柱和主流。与以经济增长和物质生活水平提高为主的发展伴随而至的则是严重的环境问题，主要表现为空气污染、气候变异而温室效应突增、水资源严重短缺、生态失衡导致的自然灾害频繁，这不仅威胁着城市和城市地区人口的安居，而且旱涝灾变、沙化、尘暴、物种蜕化和濒危等也使人类面临着不可持续发展的严重危机。

于是，反思城市化过程的得失，为了自身的生存和发展，人类正在试图探索新的城市演化模式，经济和社会发展中有诸多矛盾需要解决，当前最关键的是如何正确处理生态环境、经济建设和社会发展三者之间协调、全面进步的关系问题，尤其是在城市化进程中这三者之间的矛盾就更为突出。

生态城市是一个复合性的开放系统，其内涵是城市和区域人口、经济、资源和生态、环境的综合协调发展，因而需要理论和实践的紧密结合；需要运用系统科学的基本原理和多学科理论及现代模型方法、计算机技术，进行定性、定量和定位的综合研究。为此，从综合协同发展角度出发研究生态城市建设规划的理论、原理和方法，首先，解析城市经济、社会发展与生态环境建设的内在机理，为城市地区经济、社会和生态环境的协调发展奠定理论基础；其次，通过对城市生态系统与社会经济结构相依关系进行动态、定量的解析，提出产业结构调整、生态环境建设和社会保障的优化调控方案与建议，增强城市可持续发展能力，有助于政府的科学决策；最后，通过对城市复杂系统协调机理的解析，为确定市域经济发展的适度人口容载、人口控制提供理论依据和研究预测的定量模型，以便为生态城市的建设提供科学可行的决策依据。

对于我国这样一个人口大国来说，人口、资源、经济、环境、社会的矛盾尤为突出，建设生态城市不仅有着深刻的国内外背景，而且具有重要的理论与现实意义，主要体现在以下几个方面。

1）建设生态城市是发展社会主义市场经济的基本内容

作为社会主义制度下的发展中国家，在相当长的时期内经济发展与社会建设将是重要任务。生态城市概念的提出就是要在进行经济与社会建设的同时，兼顾生态环境建设，甚至以生态环境建设来促进经济和社会建设。

2）建设生态城市是推动城市现代化的必然要求

城市现代化是人类社会发展的一大趋势，主要反映在以下几个方面：现代化的基础设施，良好的城市生态环境，有特色的文化、旅游和休闲设施，较强的防灾抗灾能力。其中良好的城市生态环境最为突出，这是衡量城市现代化程度的基本标志。

3）进行生态城市建设是城市实现可持续发展的战略步骤

国际自然与自然资源保护同盟等制定的名为“关心世界”的环境战略指出，可持续发展包括生态持续性、经济持续性和社会持续性。这三个方面是一个紧密相连的有机整体。城市是人类聚居的主要载体之一，也是人类生存和发展的重要场所，实现城市的可持续发展不仅对城市本身具有重要意义，而且对全人类的发展也会产生重要的影响。城市的主要特点就是一种人造的生态-经济-社会，且特殊的、高度复杂的复合生态系统。在城市中，物质流、能量流的强度极大，废弃物排入环境的数量也较多，因而城市是人与自然界矛盾最突出的地方，研究和实施城市可持续发展时必须考虑这一问题。对于实现城市可持续发展而言，在大多数情况下生态系统起着远比经济、社会系统更重要、更关键的作用。

追求生态、经济和社会三个方面可持续发展的思想从某种意义上而言是一种宏观、战略性的指导观念，具体实施可持续发展还需要若干步骤，而城市生态建设就是其中重要的步骤之一。

1.3 主要内容、研究方法、技术路线与创新点

1.3.1 主要内容

从生态角度看，城市是一个以人类生产与生活活动为中心的，由居民与城市环境组成的生态-经济-社会复合生态系统。生态城市应能实现经济发展、社会进步和生态保护的相互协调，以及物质、能量、信息的高效利用。但生态城市建设不是一个不可企及、尽善尽美的理想境界，而是一种可望可即的可持续发展过程，一场破旧立新的生态革命。生态城市建设要求城市的活动与系统的生态限度保持一致，即可持续发展是生态城市的核心内容，也是生态城市的标志，因此，本书的主要研究内容可概括为如下几个方面。

1. 城市生态-经济-社会复合系统的构建

在对城市生态系统的内涵、基本特征和主要矛盾分析的基础上，提出生态城市的概念，并对其含义、特征、基本运动规律和功能等方面进行系统研究，提出构建城市生态-经济-社会复合系统的途径，为开展生态城市可持续发展等研究奠定理论基础。

2. 生态城市建设评价指标体系的建立

生态城市建设评价指标体系是评估生态城市经济社会发展

与生态环境建设是否协调的基础条件和标准。在考虑城市经济发展的水平、科学技术进步的因素、市民生态环境意识的提高和国家政策的宏观导向等前提下，对城市经济社会发展和生态环境建设的各项目标和任务进行分析，在量化的基础上建立评价指标体系，并将其作为生态城市体系研究的目标与任务的衡量标准，为制定生态城市发展规划、明确发展目标和最终验收提供依据。

3. 生态城市建设的可持续发展评估

通过生态城市评价指标体系的研究，确定包括城市、环境和社会在内的城市综合发展目标后，运用统计学及生态学原理，筛选影响因子及所占权重，进行生态城市环境保护与经济、社会可持续协调发展的评估。

4. 城市生态经济的提升

根据生态城市中生态经济的研究，确定符合各城市自身特点的主导产业，从而实现总体经济的发展。

5. 城市空间结构的优化调整

根据各城市环境容量的研究，确定各城市的建设规模，同时，结合各城市的经济、环境和社会发展现状，继而从规划上为城市提质扩容和生态城市建设提供依据。

6. 城市生态文明建设的社会调查与分析

以全国区域中心城市为重点调查对象，开展城市生态文明建设社会调查。调查内容包括城市生态环境背景与特征、环境污染现状和防治对策，城市经济发展速度和模式、人口与生活水平，基础设施建设和社会服务功能等。通过调查，分析以上因素在生态城市体系中的关系与作用。对生态城市建设的基本内容（包括生态城市的内涵和实质，城市生态-经济-社会复合系统的构成和基本功能，城市生态环境建设、生态经济建设和生态文明建设，城市基础设施、邮电通信、金融资本、信息化等基础建设）进行分析研究，为生态城市社会文明建设提供全面系统的理论指导。

7. 生态城市发展模式的研究

针对不同城市的规模、人口数量、经济基础、资源条件和生态环境背景，根据经济学和生态学规律，提出多元化生态城市的发展模式。

8. 生态城市发展的政策保障体系研究

生态城市发展要有实施的保障体系、手段与措施才具有实际意义。针对甘肃省生态城市体系建设仍处于初级阶段、政策与法规不健全的现状，提出制定加快生态城市体系建设政策和措施的意见及建议。

1.3.2 研究方法

本书的主要研究方法包括以下几个方面。

（1）综合分析的方法。研究生态城市建设，不是单纯地研究城市生态、经济或社会的某一方面，而是运用系统工程的方法，把城市生态、经济和社会作为一个复合系统进行综合分析和全面研究，并在此基础上进行全面规划，从而探索城市全面协调、可持续发展的道路和规律。

（2）实证分析与规范分析相结合的方法。实证分析和规范分析都是科学研究中广泛采用的方法。本书从生态经济和社会三个方面探讨生态城市建设问题，既需要实证研究分析，又需要根据规范分析，对生态城市建设所面临的主要问题、模式选择进行客观描述，对环境承载力进行定量分析，对各城市进行实际比较，以保证提出的政策和措施具有科学性和实用性。

（3）动态分析与静态分析相结合的方法。本书以生态城市建设为研究对象，而建设本身就是一个动态过程，因此无论是理论分析还是实证研究，都必须在动态过程中考察，并且使用时间序列数据。同时，动态的发展过程由若干个时点的静态截面组成，静态分析不仅有助于建立模型，以便全面细致地探讨生态城市建设中生态、经济和社会各方面关系，而且能够通过静态分析、深化动态分析结果，更好地理解和把握建设过程中三者的关系。因此，无论是理论分析还是实证分析，本书都注重采用动态分析与静态分析相结合的方法。

（4）定量分析与定性分析相结合的方法。在分析中，凡是能够运用数理模型和定量公式进行分析的尽量采取定量分析的方法，不能进行量化或统计数据难以获取的，采取定性分析的方法。

（5）比较分析的方法。此方法对生态城市研究具有一定的普遍性。各省尤其是一些发达省份研究成果居多，虽然具体到各城市来讲，由于市情不同，每个城市的问题表现特征不同，但特殊性总是包含在一般性中。本书对我国33个区域中心城市，包括青岛市和深圳市两个生态城市建设较好的城市进行比较分析和研究。比较分析的方法使研究成果既符合一般规律性，又考虑到特殊性，而且使研究具有科学性和实用性。

（6）综合评价的方法。在生态城市评价指标选取的基础上，构建生态城市评价指标体系，对全国各城市生态城市建设发展的程度进行分析与排序。

1.3.3 技术路线

首先，本书以城市为研究对象，通过对城市生态系统结构和功能的分析，探求城市问题的生态学实质；结合城市发展作用机制，探讨生态城市可持续发展的本质。生态城市建设是一个可持续发展的动态过程，为有效地指导生态城市建设顺利进行，本书研究了生态城市可持续发展综合评价体系。

其次，在基础数据整理、量化和社会调查的基础上，通过对生态城市综合评价指标体系的建立与应用，以及生态经济、生态环境和生态文明的综合研究，全面分析兰州市生态城市建设的质量和发展潜力。

最后，通过上述生态城市理论和实证研究，为解决兰州市城市化进程中一系列严重而复杂的生态经济矛盾、建设生态城市、实现可持续发展提供新理论和基本对策。兰州市生态城市建设研究技术路线如图 1-1 所示。

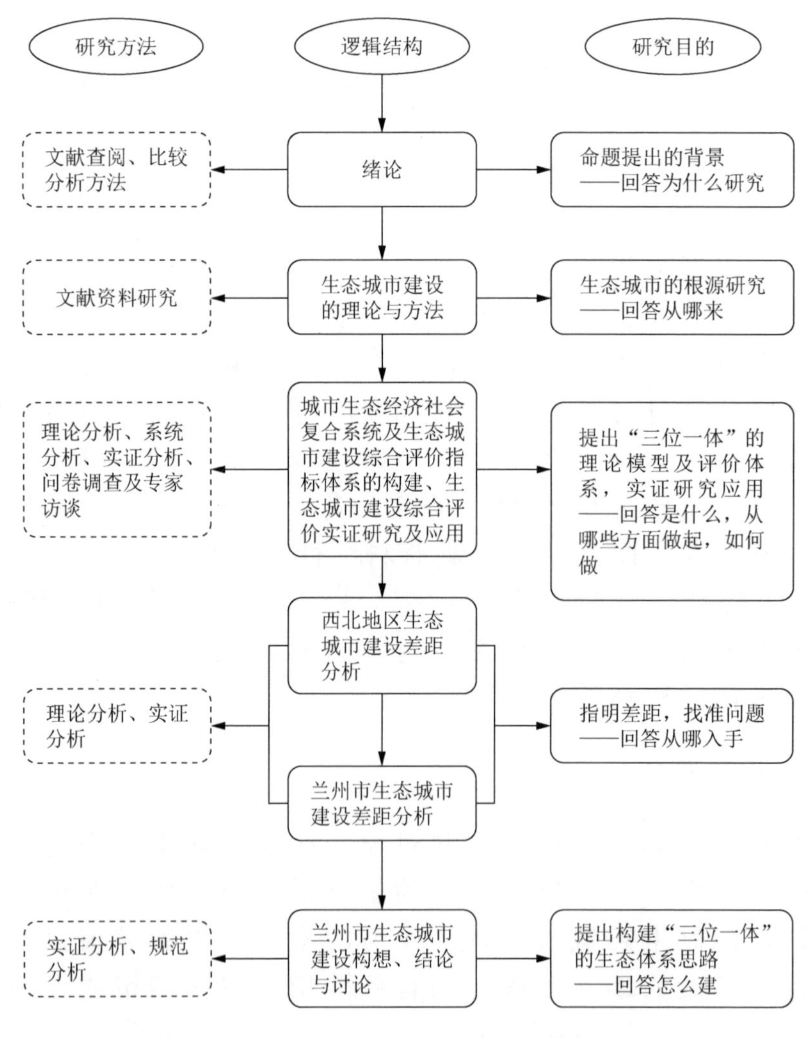

图 1-1　兰州市生态城市建设研究技术路线

注：图中虚框表示相对比较抽象、宽广的研究方法

1.3.4 创新点

（1）在城市发展模式上，首次将兰州市纳入生态城市建设的范畴，综合运用生态学、生态经济学、城市经济学、城市地理学、城市规划学、现代城市发展观和系统工程方法，将理论和实践相结合，体现出创新性、时代性、综合性、现实性和操作性极强的特征。

（2）深入研究生态城市建设中的生态经济、生态环境和生态文明模式，从理论和实践两方面探讨实现城市整体上生态环境、经济发展和生态文明、社会意识等协调发展的最佳途径，明确兰州市的发展方向、模式发展，制定城市经济社会与生态环境协调发展保障措施。

（3）本书利用理论与实证相结合、定性与定量相结合的研究方法，系统分析城市生态系统的构成及其特征，以及生态环境与社会经济发展之间的相互作用关系；同时大量运用图、表，注重定性、定量与定位相结合。研究方法具有新意。

（4）本书针对生态城市建设的特点，不只局限于以生态环境资源为中心进行研究，更强调从经济、社会及其相互关系角度，综合分析生态城市建设问题，对于系统分析城市社会经济与生态环境协调发展，以及研究区域可持续发展等具有一定的参考价值和实践意义。

第2章 生态城市建设的理论研究

2.1 生态城市的概念与内涵

2.1.1 生态城市的概念

目前在国际上有绿色城市（green city）、健康城市（healthy city）和生态城市（ecocity、ecopolis、ecoville 或 ecological city）的概念，国内有园林城市、山水城市或山水园林城市等概念。从内涵上看，绿色城市基于人与自然协调发展的角度考虑，强调生态平衡、环境保护、注重人类健康和文化发展等，这与生态城市的概念基本上是一致的。而“健康城市”是世界卫生组织（World Health Organization，WHO）于 1996 年发起的一项全球计划，主要强调居民健康，但忽略了经济和文化的运作模式及作用。而国内的山水城市和园林城市等概念，大多强调景观建设和城市形象，与生态城市内涵有一定的差距。

生态城市相对田园城市和工业城市来说是一个崭新的概念。它的理念源于人类对 20 世纪 60 年代以来全球、区域和地方环境污染及生态破坏的深刻反思，是人类对自我生存方式、生活方式、城市建设发展模式的一次重新选择。生态城市的概念很广，在不同的角度、不同的学科下有着不同的解释。

从生态学上看，生态城市是基于生态的选择和组织作用，由意识定位、资本驱动和制度调制下的人与自然易合发展的地球表层人居形态。易合是两种异质或异态之间的自组织或整合过程，强调差异性之间的协调。人并不总是处于支配主导地位，而是与生物、理化环境保持动态的均衡。

从系统学上看，生态城市是人与自然和谐发展，人的建设与自然的选择相统一的人居形态的总和，意识、资本和制度在其中具有支配和主导作用。在生态城市中，人、生物和环境的发展之间具有整体上的不可替代性，三者相互依赖，一方的存在和变化以他方为基础，一方的发展也以他方的发展为条件，任一组分（包括人）的单独发展是不可能的。

生态城市概念的提出是生态学思想在城市规划理论和实践中逐步发展的结果。特别是第二次世界大战以后，城市生态研究和城市生态学（urban ecology）在城市规划和建设中的应用，为生态城市的提出奠定了理论基础。1971年，联合国教科文组织发起了“人与生物圈计划”。之后，城市生态学家 Yanitsky 于1987年提出了“生态城市”的概念。随后，人们从城市生态学、建筑学、城市规划、经济学、复合系统等不同的角度对生态城市进行了研究，生态城市的概念、内涵和理论体系也得到了多种描述和发展。

按照 Downton（2009）的观点，生态城市是市区环境的下一个发展阶段：以最适合当地的方式建筑，与自然相辅相成没有冲突；以最适合人们生活的方式设计，同时保持空气、水、养分及生物达到健康的平衡与循环；使弱者强、饥者饱、无住家者皆能得到庇护；在每一寸土地上建立一个永久适合每一个人的居所。

按照美国研究学者的意见，设计和定义一个生态城市必须考虑以下几个原则：所设计的城市必须是长时间可持续发展的；对这个城市必须用一个系统的方法评价它与环境的相互作用；对城市的设计必须具有足够的柔性，以使它能够稳定地增长与演化；生态城市的开放空间必须能够服务于城市的多种功能；所设计的城市必须是具有吸引力和可实现的。

国内外学者对生态城市的定义主要有以下几种。

（1）苏联生态学家 Yanitsky（1987）提出：生态城市是一种理想的城市模式，是技术与自然充分融合，人的创造力和生产力得到最大限度发展，城市居民的身心健康得到最大限度保护，物质、能量和信息得到有效利用，生态良性循环的一种理想环境。

美国生态学家 Register（1987）则认为：生态城市追求人类与自然的健康与活力，即生态健康性城市，是紧凑、充满活力、节能并与自然和谐共存的聚居地。

（2）王如松（1988）提出：生态城市是社会、经济和自然协调发展，物质、能量和信息有效利用，生态良性循环的人类聚居地。生态城市的“生态”包括人与自然环境和人与社会环境的协调关系两层含义；生态城市的“城市”是指一个自组织、自调节的共生系统。

丁键（1995）认为生态城市应该是一个经济发展、社会进步、生态保护三者保持高度和谐，技术和自然达到充分融合，城乡环境清洁、优美、舒适，从而能最大限度地发挥人类的创造力、生产力并促使城市文明程度不断提高的稳定、协调与永续发展的自然和人工环境复合系统。它是人类社会发展到一定阶段的产物，也是现代文明、发达城市的象征，并已被当今世界建设生态城市的实践所证实。建设生态城市不仅是人类的共同愿望，还是现代城市发展的大趋势。其根本目的是在不断提高城市综合效益的基础上创造一个高度文明的城市环境，让人们的创造力和各种推动社会进步的潜能充分释放出来。

（3）吴人坚（2001）认为生态城市就是在城市演化过程中，人、生物、非生物环境通过长期的相互作用逐步形成的一种和谐、均衡系统。生态城市最基本的原则是高效率，即首先是经济效率，只有经济充满活力，社会才可能积聚足够的财富用于城市生态建设，同时应该是生态与经济效率的综合高效。生态城市追求的不仅仅是常规核算意义下的经济效益，而是更注重城市功能生态尺度的优化，用尽可能少的环境资源创造尽可能多的 GDP、就业机会，使生活质量提升。

（4）Paulussen 和 Wang（2003）认为生态城市是一类具有经济高产、生态高效的产业，系统负责社会和谐的文化，结构健康、生命力强的景观行政单元。其建设目标是通过规划、设计、管理和建设生态景观、生态产业和生态文化来实现结构耦合的合理、代谢过程的平衡和功能的可持续性。生态城市是以生态经济学、系统工程学为理论基础，通过改变生产方式、消费行为和决策手段，实现在当地生态系统承载能力范围内可持续的、健康的人类生态过程体制整合、科技孵化、企业投资。公众参与和政府引导是生态城市发展的基本方法，清洁生产和生态产业是生态城市建设的关键。

综上所述，生态城市应该是结构合理、功能完善、经济高效、环境宜人、社会和谐的城市。生态城市建设理论是以生态经济学、系统工程学为理论基础，通过改变生产方式、消费方式，实现资源环境与社会经济发展的优化整合。

2.1.2 生态城市的内涵

从生态城市概念的多样性论述中可以发现，生态城市概念具有丰富的内涵，世界上许多学者、国际组织和城市从不同角度对生态城市的内涵进行了研究、探索，并提出了有参考价值的论述。其内涵包括技术和自然的融合、综合效益的取得和人类创造力、生产力的最大限度发挥。生态城市是生态-经济-社会复合生态系统，它倡导人与自然、人与社会，以及自然与社会和谐的绿色文明理念，并从不同的侧面反映出不同的生态城市的内涵，主要表现在以下几个方面。

（1）从生态哲学的角度，生态城市实质是实现人与自然的和谐，天地生人的动态合一，人的自然化与自然的人化选择的均衡。这是一种理想的境界，它的实现需要人的社会关系、价值取向和文化意识达到一种很高的境界。生态城市强调人是自然界的一部分，人必须在人-自然系统整体协调、和谐的基础上实现自身的发展，人与自然的局部价值都不能大于人-自然统一体的整体价值，强调整体是生态城市的价值取向所在。

（2）从生态经济的角度，生态城市的经济增长方式为集约内涵式，不仅强调人的物质富足，而且强调生态环境的经济性。生态城市要求以生态系统支持生态承载力和环境容量作为社会经济发展的基准。生态城市既要保证经济的持续增长以提供相应的生产生活条件满足居民的基本需求，又要保证经济增长的质量。生态城市要有与生态支持系统承载力相适应的合理的产业结构、能源结构和生产布局，采用既有利于维持自然资源存量，又有利于创造社会文化价值的生态技术来建立城市的生态产业体系，实现物质生产和社会生产的生态化，保证城市经济系统的高效运行和良性循环。生态城市倡导太阳能、水能、风能等绿色能源的推广和普及，致力于可再生能源的高效利用和不可再生能源的循环节约使用，关注人力资源的开发和培养。

（3）从生态社会学角度，生态城市不是单纯的自然生态化，而是人类生态化，即以教育、科技、文化、道德、法律、制度等的全面生态化为特色，推崇生态价值观、生态哲学、生态伦理和自觉的生态意识，以形成资源节约型的社会生产和消费体系，建立自觉保护环境、促进人类自身发展的机制和公正、平等、安全、舒适的社会环境。生态城市是人和生物同其自然环境之间的整合过程。

（4）从城市生态学角度及系统论角度，生态城市是生态-经济-社会复合生态系统，其结构合理、功能稳定，达到动态平衡状态。它不但具备良好的生产能力，还具有自我还原、自我缓冲功能，同时也具有完善的自组织、自选择、自管理和自维持的运作机制。城市中各类生态网络完善，生态流运行高效顺畅。

（5）从地域空间角度，生态城市不是一个封闭的系统，而是以一定区域为依托的社会-经济-自然综合体，因而在地域空间上生态城市不是“城市”而是城乡复合体，即城市与周边关系趋于整体化，形成城乡互惠共生的统一体，实现区域可持续发展。

总之，生态城市的发展不是追求社会、经济和生态各个子系统发展的最优化，而是追求在一定约束条件下的整体发展最优化。生态城市发展不是单纯的经济问题、社会问题或者环境问题，也不是生态、经济和社会三个方面发展的简单相加。生态、社会和经济发展均有各自的价值取向，即经济发展目标主要考虑效率提高，社会发展目标主要考虑民主公平，环境建设目标主要考虑生态平衡。当三个系统的发展目标不一致时，城市发展不是追求各个子系统最优化，而是强调各个目标之间协调平衡，追求整体的最优化。

2.2　生态城市建设的国内外研究进展

2.2.1　生态城市建设的国外研究

20 世纪 80 年代，苏联科学家 Yanitsky（1987）第一次提出生态城市的构想，他将生态城市设计与实施分成三种知识层次和五种行动阶段。此后，生态城市研究与示范建设逐步成为全球城市研究的热点之一，代表性工作包括美国城市生态学会前主席 Register 领导实施的美国加利福尼亚州伯克莱生态城市计划（1992 年）、澳大利亚哈利法克斯（Halifax）生态城市建设计划（1992 年）和日本生态城市建设计划（1993 年）。

对生态城市的理论和实践做出巨大贡献的首推美国生态学家 Register。1975 年，Register 等成立了一个以“重建城市与自然的平衡”（rebuild cities in balance with nature）为宗旨的非营利性的城市生态组织，为生态城市的研究与发展做了大量工作。1990 年，在该组织的推动下，在美国伯克利（Berkeley）召开了第一届国际生态城市大会。此后，又分别于 1992 年、1996

年、2000 年、2002 年在澳大利亚阿德莱德（Adelaide）、塞内加尔约夫（Yoff）、巴西库里蒂巴（Curitiba）、中国深圳举行了第二～五届国际生态城市大会。五届国际生态城市大会的召开，推动了生态城市的研究与发展。在 Register 的带领下，该组织在美国伯克利参与了一系列生态建设活动，不仅出版了 *Eco-city Berkeley—Building Cities for a Healthy Future* 一书和生态城市刊物“城市生态学家”（*Urban Ecologist*），论述了建设生态城市的意义、原则，而且在最初提出的生态城市原则的基础上，总结出更加完整的建立生态城市十项原则。Register 有关生态城市的原则也是在不断发展之中的，这些原则从最初简单的包括土地开发、城市交通和强调物种多样性的自然特征，发展到涉及城市社会公平、法律、技术、经济、生活方式和公众的生态意识等多方面的更加丰富的原则体系，而且这些原则具有极强的操作性，强调对实践的直接指导意义。

同期，国际上城市生态的研究得到蓬勃发展，生态城市的内涵不断得到丰富。除了“城市生态”组织之外，苏联城市生态学家 Yanitsky、澳大利亚建筑师 Downton、Roseland（1997）等为生态城市理论做出了贡献，使生态城市的研究从最初的在城市研究中运用生态学原理发展到包括城市自然生态观、城市经济生态观、城市社会生态观和复合生态观等的综合城市生态理论，生态城市的内涵不断得到丰富和完善。

澳大利亚城市生态委员会和欧洲联盟（简称欧盟）都提出了生态城市发展的原则，都强调对现有城市系统不合理内容的改造，提出的具体措施都针对城市问题的不可持续特征。这些原则虽然缺乏系统性，但是对实践具有切实的指导作用。

Engwicht 对生态城市概念的普及宣传做出一定的贡献；Downton 把生态城市的作用提高到决定人类命运的高度，认为生态城市能够拯救当今世界，生态城市是治愈地球疾病的良药，它包括道德伦理和人们对城市进行生态修复的一系列计划，远远超出了"可持续性"这个概念。现在所谓的可持续仅是"对一个患有晚期重病的病人涂抹一些药膏",而生态城市则是彻底治愈。对于生态城市的演进模式,学者多米尼斯基(Dominsiki)提出了"三步走"的模式,即减少物质消费量(reduce)、重新利用(reuse)、循环回收(recycle);荷兰也提出了"三步走"的模式。

此外,其他关注人居环境的国际会议给生态城市的研究不断注入新的思想和发展理念,不仅发展和深化了生态城市的理论,而且推动和扩大了生态城市建设的影响,如1992年在斯德哥尔摩和赫尔辛基举行的欧洲生态建筑会议,1994年在保加利亚首都索非亚举行的INTERARCH会议,1992年在里约举行的联合国环境与发展会议,1995年10月在苏格兰的芬德·霍恩(Find Horn)举行的生态村庄(ecovillage)会议等。

在国际上,"生态城市"建设实践较为成功的主要是欧美国家的一些城市。这些城市率先使用生态学方法净化城市污水,利用太阳能进行太阳村建设试点,采用生态建筑设计等,为生态城市建设提供了一定的实践经验和技术手段。美国西海岸的滨海城市伯克利的生态城市建设卓有成效。这个城市在发展建设中注重恢复废弃河道,沿街种植果树,建造利用太阳能的绿色居住区,通过能源利用条例来改善能源结构,鼓励使用清洁能源。经过20多年的努力,伯克利走出了一条比较成功的生态城市之路,形成了典型的亦城亦乡的城市空间结构。在城市住宅区内,每隔一栋住宅就有一块相当于整个住宅面积的农田,农田上种植的绿色蔬菜和水果很受城市居民的欢迎,具有典型的"都市农业"特征。20世纪80年代,日本提出了建设"农业城市"的计划,经过30多年的努力,已建成了具有镶嵌模式的"绿岛农业",构建了高科技农业产业群,形成了独具特色的"都市型农业"。新加坡也创建了具有观光、旅游、出口创汇、城市生态环境等多种功能的城市科技农业园。

近年来，国际生态城市建设实践主体已从中小城市延伸到一些开发时间较长、城市空间较大、产业形态复杂的国际大都市。东京、纽约、伦敦、新加坡、中国香港和首尔等都先后提出在21世纪建设生态城市或循环型城市的战略目标。

1. 巴西库里蒂巴的生态城市建设

位于巴西南部的库里蒂巴是巴西的生态之都，被认为是世界上最接近生态城市的城市。该城市以可持续发展的城市规划典范享誉全球，也受到世界银行和世界卫生组织的称赞，还由于垃圾循环回收项目、联合国的环境项目、能源保护项目而分别获奖。

库里蒂巴的生态城市建设经验主要包括如下内容。

（1）公交导向式的城市开发规划。沿着五条交通轴线进行高密度线状开发，改造内城；以人为本而非以小汽车为本，并确立了优先发展内容为增加公园面积和改善公共交通。不仅鼓励混合土地利用开发的方式，而且总体规划以城市公交线路所在的道路为中心，对所有的土地利用开发密度进行分区。公交导向式的城市开发规划使库里蒂巴走上了以低成本（经济成本和环境成本）的交通方式和人与自然尽可能和谐的生态城市发展道路。

（2）关注社会公益项目。生态城市的内涵还应体现在社会可持续发展方面。库里蒂巴在这方面的成就同样令人瞩目。目前库里蒂巴有几百个社会公益项目，包括建设新的图书馆系统、帮助无家可归的人、进行各种实用技能的培训、加强公园和绿地建设项目、改善环境并保护文化遗产、垃圾回收项目等。这些简单的、讲究实效的、成本很低的社会公益项目将成为库里蒂巴环境规划的一部分，并使城市在环境和社会方面走上一条健康的发展之路。

（3）对市民进行环境教育。一个城市成为生态城市的前提是对其市民进行环境教育，培养其环境责任感。库里蒂巴对此十分注重，儿童在学校受到与环境有关的教育，而一般市民则在免费环境大学接受与环境有关的教育。

2. 澳大利亚怀阿拉生态城市建设

1997年4月1日怀阿拉(Whyalla)市政府通过了一项决议，将目前的所有环境计划融合到一起实施生态城市建设计划，承诺为市民创造一个更好的居住环境，长久实现可持续发展，降低社区的真正费用，为实现南澳大利亚州和澳大利亚的环境目标进行最好的实践。

怀阿拉生态城市项目充分融合了可持续发展的各种技术，其战略要点包括以下内容。

（1）设计并实施综合的水资源循环利用计划。

（2）在城市开发政策上实行强制性的控制，对新建住宅和主要城市更新项目要求安装太阳能热水器，并在设计上提高能源使用效率。

（3）对安装太阳能热水器的项目实施财政刺激措施。

（4）21世纪议程的环境规划过程。

（5）开展宣传优良的、可持续的建筑技术的大众运动。

（6）形成一体化的循环网络和线状公园。

（7）建立能源替代研究中心。

3. 德国的埃尔兰根生态城市建设

埃尔兰根（Erlangen）是德国南部的一个10万人口的小城市，距慕尼黑200km。该城市从20世纪70年代起就开展生态城市建设，在城市发展决策中同时考虑环境、经济和社会三方面的需求和效益。Erlangen 市生态建设成功的经验主要包括以下内容。

（1）在景观规划的基础上制定可持续发展总体规划。

（2）高度重视重要生态功能区的保护，市域内森林、河谷及其他重要生态区域占总土地面积的40%。

（3）在城区内及周边地区建设更多的绿地和绿带，确保人们能就近到达绿地。

（4）城市区划规划中充分尊重生态限制，在生态承载力范围内确保经济和社会快速发展。

（5）广泛开展节能、节水及其他资源的活动，采用多种措施强化污染防治工作，防治水、气、土壤污染。

（6）实行步行、公交优先的交通政策，确保行人、自行车与汽车享有同等权利。

（7）引导公众参与，在决策中广泛听取公众的意见。

4. 英国伦敦生态城市建设

欧洲委员会强调，城市生态建设的重点应放在“恢复而不是重建”，即应该力求保持城市的历史价值，城市扩张要体现出“遵循生态”的原则。在伦敦的城市发展进程中，许多边远村庄、小城镇被纳入城区，组成了如今的“大伦敦都市圈”。然而，在这个过程中并不是所有乡村都演变成了城市，都市圈中依然保留着天然森林、河流、草地、常绿灌木林和农场等自然区域。在此基础上，伦敦近一二十年的发展规划中都包含重要的生态政策，成功经验如下。

（1）市政当局应当划出重要位置作为自然保留地，周边地区的发展不应给这类自然保留地带来不利影响。

（2）鉴定自然保护区的重要性时，不仅要考虑其固有的生物价值，还要考虑其带给当地居民的娱乐性等。

（3）限制特定冲积平原的进一步发展，以减轻河流的淤积效应，进而降低洪水暴发的可能性。

这些政策对于伦敦如今的生态环境形成起到了良好的促进作用。

2.2.2 生态城市建设的国内探索研究

我国自20世纪80年代以来也在进行生态城市建设的探索。长沙市、宜春市先后编制了城市生态经济建设规划。随着城市管理和居民生态经济意识的不断提高，目前很多城市，如威海市、宜春市、上海市、长沙市及扬州市等都先后提出建设生态城市的宏伟目标。江苏省的常熟市也已开始构建“生态城市”和“生态经济开发区”。上海市政府于1999年决定，争取用15年左右实现与国际大城市接轨，将上海市基本建成清洁、优雅、舒适的生态城市。

建设生态城市已成为20世纪后工业化城市发展的主要方向，并被看作是超越工业社会的可持续发展城市的实现形式。生态城市建设是一个渐进的过程，需要根据生态化程度分解为不同的发展阶段。例如，从污染控制开始，逐步实现生产和消费过程的低消耗、低排放、清洁化，并进一步发展循环经济系统。

尽管我国生态城市思想的产生较国外早，但是系统、科学的生态城市理论研究较晚。自20世纪80年代以来，随着我国社会经济的发展和生态环境问题的日益突出，生态学、规划学、地理学、环境科学和社会学等方面的学者纷纷投身生态城市的研究之中，生态城市的研究和实践蓬勃发展。

国内著名生态学者马世骏和王如松（1984）提出了“社会-经济-自然复合生态系统”的理论，明确指出城市是典型的社会-经济-自然复合生态系统。

王如松和欧阳志云（1994）提出了建设天城合一的中国生态城思想，认为生态城市的建设要满足以下标准。

（1）令人类生态学满意的原则包括满足人的生理需求和心理需求、满足现实需求和未来需求及满足人类自身进化的需求。

（2）经济生态学的高效原则包括资源的有效利用；最小人

工维护原则，即城市在很大程度上是自我维持的，外部投入能量最小；时空生态位的重叠作用；发挥城市物质环境的多重利用价值；社会、经济和环境效益的优化。

（3）自然生态学的和谐原则包括“风水”原则；共生原则，即人与其他生物、人与自然的共生，邻里之间的共生；自净原则；持续原则，即生态系统持续运行。

可以看出，生态学界在生态城市理论方面从专业角度出发，进行了十分深入的研究，并在完备的理论指导下，进行了有益的实践。

规划界的研究则更多地偏重于在城市规划理论中，体现生态城市的要求。生态城市的创建目标应从社会生态、经济生态、自然生态三方面来确定。

梁鹤年（1999）提出生态主义的城市理想原则是生态完整性（integrity）和人与自然的生态连接（connectivity），而中心思想则是“可持续发展”。城市规划需要考虑城市的密度，如果城市形态是紧凑的，则城市化需要围绕自然生态的完整性来进行；如果城市形态是稀松的，则城市化就可以按城市系统和自然系统各自的需要来进行规划。

胡俊（1995）认为，生态城市观强调通过扩大自然生态容量（如增加城市开敞空间和提高绿地率等）、调整经济生态结构（如发展清洁生产、第三产业，对污染工业进行技术改造等）、控制社会生态规模（如确定城市人口合理规模、进行人口的合理分布等）和提高系统自组织性（如建立有效的环保及环卫设施体系）等一系列规划手法，来促进城市经济、社会、环境协调发展，并认为建立生态城市（决不能仅仅理解为增建绿地）是解决当今现代城市问题的根本途径之一。

20 世纪 90 年代初，上海规划界结合上海实际，对生态城市进行了一些研究，如柴锡贤（1994）对生态城市规划的理论基础进行了初步研究，宋永昌等（1999）强调了生态城市的标准应该是结构合理、功能高效和关系协调，王祥荣和张静（1995）则对上海市生态城市建设涉及的具体问题进行了探讨。

此外，宋永昌等（1999）提出了评判生态城市的指标体系和评价方法。江小军（1997）分析了生态城市的系统结构、运行机制、产业发展和空间形态。这些研究都具有一定的理论意义。

国内生态城市建设实践包括以下几个方面。

1）上海市生态城市建设措施

上海市从生态城市的要求和市情出发，确立了生态城市建设三大方向，即结构建设、功能建设和城乡生态关系的协调措施建设。

（1）结构建设：优化城市的用地结构，搞好城市的用地平衡；提高人口素质，控制人口总量和密度；推广清洁能源与绿色消费；加快产业结构调整及技术创新；加强绿化建设，保护生物多样性。

（2）功能建设：加强生态环境保护，强化城市物质循环；建设快捷的信息流通系统。

（3）城乡生态关系的协调措施建设：实行城乡社会、经济、生态一体化规划，优化城乡空间；加强城市公共服务设施建设，提高居民生活质量；提高生态环境意识，加强组织机构建设。

2）深圳市生态城市建设实践

深圳市作为中国改革开放新时期迅速崛起的年轻城市，积极探索新兴城市的可持续发展之路，努力向生态城市迈进。《深圳市城市总体规划（1996～2010 年）》中对生态城市建设做出了相关规定。

（1）高度重视城市规划的制定和实施。确定深圳市土地中的一半以上作为旅游休闲、郊野游览、自然生态和水源保护区等用地，其中城市生态用地占全市非建设用地面积的 76%，若干宽 800～1200m、总面积约 68km^2 的绿化隔离带分布在城市的各个组团之间，有效阻止了城市建设用地的无序蔓延，为未来的生态建设创造了有利条件。

（2）在产业导向上严格控制高能耗、高物耗、高污染的传统工业项目。强调科技先导、资源节约、内涵发展的产业发展理念，调整优化产业结构，将低能耗、低物耗、低污染的高新技术产业作为战略重点，同时加快发展现代金融业、物流业等服务业，从源头上缓解经济高速发展对城市生态环境的压力。

（3）系统地营造宏观生态、道路绿化和社区园林三个层次的景观，构建绿色网络，坚持不懈地提高城市绿化率，改进绿化效能和景观效果，努力塑造“林在城中，城在景中”的优美景观。

（4）在废物利用方面，对生活垃圾、工业危险废物实行综合利用和安全处置。

（5）创建“环境文明小区”，形成全社会关心和参与生态城市建设的良好风尚。社区的绿化美化、垃圾分类收集、节能节水等都达到了较高的水平。

3）苏州市生态城市建设实践

苏州市是目前全国生态城市建设最成功的城市之一。为加快生态市建设，苏州市委、市政府于2004年下发了《关于全面推进苏州生态市建设的若干意见》（苏发〔2004〕30号），苏州市政府2006年制定了《苏州生态市建设规划纲要》（苏府〔2006〕5号）。目前苏州市所辖的5个县级市中已经有三个被命名为国家生态市（太仓市拟被命名为第二批国家生态市，已公示），占已命名国家生态市（区、县）的50%。

在《苏州生态市建设规划纲要》中，苏州市确定的生态市建设指导思想是：以实现“两个率先”和构筑人间天堂为目标，以可持续发展为主线，融合苏州市历史、文化、经济和环境等特点，大力发展生态经济，保护生态环境，营造生态社会，培育生态文化，建设具有苏州特色的生态市，加快走上生产发展、生活富裕、生态良好的文明发展道路。

根据《苏州生态市建设规划纲要》，苏州市生态城市建设实践主要包括九个方面的内容。

（1）生态工业建设。加快工业产业结构、布局的调整与优化，坚持走新型工业化道路，继续实施“退城进区”工程。积极开展清洁生产审核和 ISO 14000 环境管理体系认证，使应当实施清洁生产企业的比例达 100%，规模化企业通过 ISO 14000 认证比率达到 20%以上。全面实施《苏州市“十三五”循环经济发展规划》，大力发展循环经济，着力推进大型工业企业的循环经济试点工作，努力构建循环经济链和产业集团。在不断推进、深化苏州工业园区和高新区国家生态工业示范园区建设的基础上，全面推进省级以上开发区实施生态工业园建设。

（2）生态农业建设。全面开展江苏省生态农业县（市）建设，进一步调整、优化农业产业结构、布局，转变农业产业经营模式，推进农业标准化、品牌化、集约化、基地化和机械化生产，建设无公害农产品、绿色和有机食品基地以及生态农业示范园区。切实开展农业污染综合防治，有效控制农业面源污染。注重发展休闲农业、节水农业、绿色安全农业，实现传统农业向现代农业的转变。

（3）生态服务业建设。进一步调整、优化产业结构，不断提高服务业占 GDP 的比例，力争达到 45%以上。妥善处理保护与开发的关系，合理利用历史文化、地质遗迹和沿太湖、长江湿地等生态旅游资源，全面推进三星级以上饭店创建“绿色饭店”活动和 4A 级旅游景区开展 ISO 14000 环境管理体系认证工作，大力发展生态旅游业。着力自主创新，积极发展以绿色商贸和生态物流、会展等为重点的生态服务业。

（4）生态环境建设。加强集中式水源地保护，使集中式饮用水源水质达标率为 100%；强化工业水污染防治和管理，扎实推进太湖及阳澄湖水污染防治；畅通河网，完善水系，加强河道管理，定期清淤，打捞漂浮物，增强水体自净、稀疏能力；

加快城镇污水处理厂及配套管网建设，不断提高城镇生活污水集中处理率，并力争达到 70%以上。控制二氧化硫排放总量，万元 GDP 二氧化硫排放强度小于 5kg；推广使用天然气等清洁能源，治理餐饮业油烟污染，加强地面及建筑扬尘的防治和管理；实施公交优先战略，加强对车辆污染排放的监督管理，城市空气质量优良以上天数达 330d。优化噪声功能区划空间布局，强化社会生活及交通噪声污染的控制与管理，噪声达标区覆盖率达到 95%以上。按照“减量化、资源化、无害化”原则处理、处置生活垃圾和工业固体废弃物，加快固体废弃物处置中心及垃圾焚烧发电厂的建设，试行分类回收生活垃圾，扶持建立废旧物资回收系统。

（5）农村环境建设。实施农村小康环保行动计划，加强农村生态环境建设，开展农村环境综合整治，全面完成“六清六建”任务；完成农村“三清”（清洁村庄、清洁河道、清洁家园）、“三改”（改水、改厕、改路）、“三绿”（绿色通道、绿色基地、绿色家园）工程；切实加强规模化畜禽粪便的综合治理；进一步开展生态村创建活动，争取生态村所占比例达到 30%以上，全面改善农村环境质量。

（6）基础设施和能力建设。加快基础设施建设步伐，认真编制、实施卫生、医疗、消防、公安、交通、供水、供气等专项建设规划，构建城市生命线系统安全体系，完好率达到 80%以上。建立、完善环境应急系统，解决老百姓关心的热点、难点问题。加大科学研究投入，提高能力建设水平。

（7）资源、能源利用。加强对古城、古镇、古村落和古树名木等的保护、管理，新建、扩建一批生态功能保护区，使受保护地区所占比例达到 17%。妥善处理自然保护区的保护与开发的关系，集约、高效利用土地资源，加大水资源及山体资源的保护，打造“绿色苏州”。推行节能、节水、降耗的健康理念，建设节水型社会，工业用水重复率达到 50%以上。

（8）生态人居建设。全面普及生态知识，增强环境意识和生态理念，倡导绿色生产、绿色消费。大力推进“绿色社区”等创建活动，力争“绿色社区”所占比例达到50%。配套与完善环境基础设施建设，提高城镇人均绿化面积，积极探索生态型住宅小区建设，构建生态人居环境。

（9）生态文化建设。大力弘扬吴文化的人文精神，积极倡导“以人为本、天人合一”的生态理念；加强生态文化基础设施建设，构建生态文化宣传教育阵地；大力推进“绿色学校”等创建活动，力争“绿色学校”所占比例达到80%；加强生态院校、企业、机关和大众文化建设，全力构建优秀传统文化与现代文明交相辉映的“文化苏州”。

4）青岛市创建生态市的实践和计划

2006年10月，青岛市委、市政府为不断巩固和发展“国家园林城市”成果，积极创建生态城市，提出了“2008～2009年各项创建指标基本达到国家考核标准，2010年前创建成为国家生态园林城市”的目标。按照“分步实施、稳步推进、重在实效”的原则，青岛生态园林城市的创建分为三个阶段。

（1）创建准备阶段（2006年10月～2007年10月）。高起点修编绿地系统规划，保障城市布局和绿地的合理安排，不断增强城市绿化的生态功能和景观效果。围绕生态市建设和迎办“绿色奥运”活动，给市民建设了更多更好的城市景观胜地。突出城市道路绿化、公共绿地建设、山头绿化和庭院绿化，狠抓标准化施工及养护，注重创品牌、出亮点，打造绿化特色工程和精品工程。进一步完善城市的基础设施，建成较为完善的废弃物处理设施和污水处理设施，城市道路交通及设施得到进一步发展，公共卫生服务体系逐渐完善。

（2）全面创建阶段（2007年11月～2009年10月）。分七个方面开展创建工作。

一是制定城市生态发展战略和规划。应用生态学与系统学原理来规划建设城市，进一步促进城市功能协调，生态平衡，城市发展与布局结构合理，形成与区域生态系统相协调的城市发展形态和城乡一体化的城镇发展体系。制定生态城市建设规划、措施和行动计划，加强城市生态保护和建设工作，促进生态平衡。按照国家生态园林城市指标要求，调整修编城市总体规划，在沿河（湖）、沿路、沿山及其他生态敏感区划定完整的、全覆盖的绿化控制线，科学合理设置小游园、社区公园。在编制城市片区详细控制规划时体现生态优先原则，在绿化用地指标上予以保证。进一步完善青岛市《城市绿地系统规划》，形成科学完善的绿化体系，指导全市城乡绿化建设。

二是推进城市生态环境建设。促进城市与区域协调发展，形成良好的市域生态环境。通过有效手段保护城市自然地貌、河流水系、湿地等生态环境，并利用自然生态地理条件，修复生态环境，营造大型公共绿地。加强生态公园建设，全面开展浮山生态公园、百果山园博园、太平山中央公园、太平角林地及市区山头公园改造建设，实施绿化资源恢复和优化工程。注重生物多样性保护、培育和引种工作。提高城区绿化水平。结合城区改造、环境建设、道路工程等，加强城市绿化配套设施建设，推进增绿工程，大力推广垂直绿化、立体绿化和屋顶绿化。采取有效措施改善生态环境，降低城市热岛效应。

三是重视城市景观保护工作。注重城市人文、自然景观的保护、利用和有效开发，加强地形地貌、河流水系的保护，通过有效手段做好退化土地的恢复和河流、湖泊的水土保持工作，畅通水系，保持水面积不减少，尽量保持地形地貌、河流水系的自然形态，突出山、海、城交融一体的景观特色。认真落实《青岛历史文化名城保护规划（2011～2020年）》，继承和发扬城市优秀传统文化，保护真实历史遗存，保护文物古迹、文化遗产、非物质文化遗产等历史文化资源。加强文化建绿工作，制订文化建绿规划和实施计划，在城市公共绿地和主要道路绿化中增加文化元素，提升城市绿化的文化内涵，展现城市特有魅力。

四是完善各项城市基础设施建设。加快推进城市基础设施建设，使城市供排水系统、燃气系统、供热系统、供电线路、通信信息系统、交通道路系统、消防系统、医疗应急救援系统以及自然灾害应急救援系统设施完备，运行高效、稳定。加强城市公用设施的管理和维护，保证市民生活工作环境清洁安全，生产、生活污染物得到有效处理。城市建设遵循生态循环原理，强化政策导向和规范约束，在城市建筑（包括住宅建设）中广泛采用建筑节能、节水技术，普遍应用低能耗、环保建筑材料。加快推进“畅通青岛”建设，科学有效地实施道路交通治安管理，创造安全、畅通的道路交通环境，开展“绿色交通示范城市”活动，推动优先发展公交政策落实，公交车辆符合城市发展需要。

五是创造良好的城市生活环境。继续推进水污染防治和城乡河道综合整治工程，促进城乡河道水质全面好转，切实加强饮用水源地保护。高度重视和综合整治大气污染，重点解决二氧化硫排放、汽车尾气和建筑扬尘问题。采取有效降噪措施，加强城市环境噪声污染的治理和查处。建立健全突发性污染事故的应急预案，提高城市污染控制水平。加强城市公园、文化、体育设施的建设和管理，城市基层文化、体育设施完备，市民业余文化生活丰富多彩、健康有益。加强住宅小区、社区的功能、环境建设，为市民创造安居乐业的居住环境，保证住宅小区、社区设施建设功能健全、环境优良。

六是广泛发动社会各界参与。

七是完善各项法规，执行相关法律法规。

（3）巩固提高阶段（2009年11月～2010年12月）。做好检查、汇报、整改、总结、改进及申报材料的收集、整理、汇总及迎检工作。

与丰富的生态城市理论相比，以上介绍的生态城市实践仍存在较大的差距，但这些城市的建设使其不断向生态城市迈进。当前国内外生态城市建设的特点可概括如下：

第一，制定明确的生态城市建设目标和指导原则。

第二，强调生产资源利用、生活消费和垃圾生产的3R（reducing、reusing、recycling）原则。

第三，强调资源的保护。

第四，促进地方社区的参与，提高市民的生态意识。

2.3 生态城市建设研究

2.3.1 生态城市建设的基本原理

生态城市不是简单地通过城市绿化来美化居住环境，而是强调城市不断发展、生产效率不断提高、人们的生活水平不断提高的同时，坚持环境、社会、经济三者发展的协调统一；强调应用经济学、生态学、美学、社会学、心理学、城市规划学等学科知识，通过制度创新，创造一种经济稳定增长、生态均衡和谐、社会全面发展的城市环境。生态城市的建设不只局限在市区，还要与其周边环境相联系，所以土地规划理论、区域规划与城市规划理论及可持续发展理论是其理论基础。绿色生态城市概念的提出是与可持续发展思想的形成发展相适应的，可持续发展理论也是生态城市建设的理论基础。

1. 土地利用结构、空间格局与生态城市建设

“土地是财富之母”意味着不仅人们的基本生存资料来自土地的富有和对自然力的转化，而且经济的扩张空间、人口的聚集规模、景观和生态建设的潜力均需要有限的土地资源和其可开发利用的强度来支撑。因而土地的利用方式是区域生态系统结构的重要环节，决定着区域生态系统的状态和功能。实现区

域系统持续发展就必须依靠对土地利用结构的合理调整，在保障工业、交通和城区第三产业发展、城乡居住用地和基本农作耕地需求的同时，通过草地、果园和城市绿地面积的增加，以及林地面积的扩大和结构的优化，增强自然抗灾屏障和生态系统的消纳、调节功能；通过自然保护区和人文景观区面积的适度扩大，在保障生物多样性、特有和濒危物种繁衍与历史文化名胜观览的同时，增强生态自养功能和陶冶人们的自然、文化情操。地理空间的自然特性和承载、调控能力，均需要因地制宜的合理产业和人口居住格局，才能有效地促进经济的发展，协同有序地改善生态环境。因此，制定城市的生态环境规划，必须依靠城市辖区内不同等级城镇规模、商贸和居住功能的调整，工业转型和格局的合理分布，以及建城区和工业园区内土地配置结构的优化与园林、绿地及空间隔离林带的建设，这样才能持续主导其社会、经济的有序发展，使各建城区和工业组团内经济发展、人居舒适、环境消纳和生态建设得以协同。

2. 产业结构与生态城市建设

产业结构是生产能力和消费需求的关联映像，决定着社会生产力的发展水平和改变着生态环境的演化状态。城市生态系统的产业结构总是依据城市社会经济的发展需要和生态环境的支撑能力而变化，但不同的产业结构形态既决定着城市经济和人口聚集的规模，又因相应的资源配置和能源消费结构而影响着城市生态环境的质量及可持续支撑的潜力。因此，改善城市生态系统的功能，优化人口、经济与生态环境亚系统之间的物质和能量的输入/输出，必须依靠三次产业及其内部行业结构的有序调控，在促进经济发展、满足就业和生活消费需求的同时，借助产业、行业和产品的技术创新与清洁型生产工艺的改造，带动资源特别是能源消费的结构性转移，以节约资源和提高资源的利用效益，减少污染排放和减轻环境的负荷压力；推动经济发展的反哺和科技、管理体系上的创新，以寻求和利用更多的可再生替代资源，积极治理“三废”污染，不断改善和提高环境的质量。产业结构调整的方向就是大力发展生态产业。生态产业就是按生态经济原理和知识经济规律组织起来的基于生态系统承载能力、具有高效的经济过程及和谐的生态功能的网络型进化型产业，通过两个或两个以上的生产体系或环节之间的系统耦合，物质、能量才能多级利用、高效产出，资源、环境能系统开发、持续利用，企业发展的多样性与优势度，开放度与自主度，力度与柔度，速度与稳定性达到有机的结合，污染负效益变为经济正效益。新一轮产业革命将为我国产业转型、企业重组、产品重构提供方法论基础，促进国有和乡镇企业的转轨，创造新的就业机会；从根本上扭转产业发展中环境污染的被动局面，为全球环境变化、生态产品推广和生态企业孵化提供数据、信息和支持。

2.3.2 生态城市建设的理论基础

生态城市是人类从工业文明向生态文明转化的产物，也是人类的生态意识由生态失落向生态觉醒转变的标志。自 20 世纪 70 年代以来，人们在生态城市建设的理论基础指导下通过实践不断探索生态城市建设的基本理论。

1. 可持续发展理论

某个国家或地区可持续发展水平取决于其人口承载能力、区域生产能力、环境缓冲能力、社会稳定能力和管理调节能力。而要实现这些能力的建设，就需要在可持续发展的具体实施中构建可持续发展的管理体系、法制体系、教育与科技体系及公众参与体系，这些体系共同构成可持续发展的基石，推动可持续发展的实践。

1）可持续发展的管理体系

当今世界，存在于发达国家和发展中国家的经济与环境不协调发展的大量事例，无不与管理不善息息相关，而管理不善的主要根源是决策失误。从某种意义上讲，管理就是决策，管理效果如何，在很大程度上取决于决策水平的高低。经验告诉我们，一项错误的决策可以破坏，甚至毁掉其他各体系所具有的能力。正因为如此，管理体系在整个可持续发展支撑体系中处于极其重要的位置，其作用也非同一般。为此，应该把建立一个行之有效的管理体系作为可持续发展能力建设的重要内容，要不断提高各级政府及决策者的决策能力及其综合运用规划、法规、经济和行政等手段的管理能力，建立健全可持续发展的管理组织机构与机制，使其成为实现可持续发展的重要组织保证。

2）可持续发展的法制体系

法律法规具有强制性。与可持续发展相关的法律法规的制定与实施，是实现自然资源的合理利用，控制环境污染和生态破坏，保证经济、社会与生态可持续发展的重要基石。只有建立起完善的可持续发展法制体系，并严格按照相关法律法规行事，做到“有法可依、有法必依、执法必严”，才能保证可持续发展在法制轨道上顺利进行。建立可持续发展的法制体系的主要目的，就是将可持续发展纳入依法管理的轨道。

3）可持续发展的教育与科技体系

教育体系和科技体系主要涉及一个国家或地区的教育水平与科技竞争力。如果一个国家或地区的教育水平低，科技创新能力差，则意味着该国家或地区可持续发展缺乏后劲，不具备发展的“持续性”基础，从而难以随着社会文明的进程，不断以知识和智力去创造更加科学、更为合理、更加协调有序的可持续发展的社会。可见，构建可持续发展的教育体系、科技体系具有重要意义。

4）可持续发展的公众参与体系

可持续发展以人为中心，无论是管理体系，还是法制体系、教育体系、科技体系以及公众参与体系，都由人来建立，并服务于人的全面发展。在可持续发展中，人既是目标体系，又是决策主体和行为主体。人的思想、观念与行为贯穿于可持续发展全过程。正因为如此，建立可持续发展的公众参与体系很重要。应充分发挥各种团体及公民的积极性、主动性和创造性，建立健全各种制度与机制，促使每一个人都真正树立可持续发展的观念，并将其落实成自觉的行动，认真履行自己的职责与义务，与此同时，在制度上保证他们积极参与可持续发展的决策及其实施过程。只有这样，才能真正实现可持续发展。

上述各体系之间存在着密不可分的关系，它们既相互制约，又相互关联、相互支撑。任何一个国家或地区可持续发展能力的形成、培育和发展，都不是其中任何一个体系单独作用的结果，它所体现的是各个体系的共同支撑作用，是它们相互协调、综合作用的结果，可持续发展综合能力的形成离不开每一个单独体系的发展。在可持续发展的过程中，必须合理构建可持续发展的完整的支撑体系，使各组成部分不但能够很好地发挥各自的功能，而且相互协调、相互支撑、相互促进，共同支撑可持续发展大厦。

2. 区域生态规划理论

区域生态系统处于一个不断进化的过程之中，系统内各要素之间的关系也处于动态平衡之中，区域生态规划需要根据区域生态系统的发展变化来进行。区域生态规划研究的对象是生态-经济-社会复合生态系统，辨识、分析和模拟这样一个复杂系统需要具有自然科学、社会科学、系统科学及计算机科学的多学科背景。这就要求区域生态规划要运用多学科的知识、多方人员的参与和多种方法与手段的结合。基于生态学原理的区域生态规划的理论主要包括系统理论、区域复合生态系统理论和区域生态调控理论。

1）系统理论

系统是指相互作用和相互制约的若干部分（要素）组成的具有确定功能的有机整体。按照系统论的观点，系统具有以下基本特征。

（1）整体性：系统是各要素之间、要素与整体之间相互联系、相互作用的矛盾统一体，具有从要素的量的组合达到系统整体的质的飞跃的总效应。系统不是各部分简单的相加，整体的结构与功能也不是部分的结构与功能的简单累加。

（2）关联性：系统内的各要素之间是相互联系、相互作用和有机结合的。系统的物质、能量和信息通过这种关联性实现相互连通，维持系统的存在和进化。

（3）目的性：不同的系统有不同的目的，从而有不同的运作功能。一个庞大的系统往往包含很多的子系统，每一个子系统都有各自的子目标。因此在处理问题时，必须考虑各子目标的协调。

（4）层次性：系统内部各要素的组成是按照一定的联系方式和作用方式分层次组织而成的有机整体，而不是各要素的杂乱堆积。

（5）环境适应性：系统周围环境往往约束着系统及其组成要素。系统与它所处的环境之间存在着相互联系，它必须适应环境的变化，同时也对环境起到制约的作用。

（6）动态性：系统往往围绕着稳定状态在不断变化。考察系统不仅要研究其静态的结构和功能，更要研究其从无序到有序、从低等到高等的演化过程。

（7）开放性：任何系统都与外界存在着物质、能量和信息的交换，这样它才能形成稳定有序的结构。

2）区域复合生态系统理论

一个区域复合生态系统通常是由相互作用、相互依赖的环境、社会和经济子系统耦合而成。环境子系统由水、土、气、天体、生物和能源矿产等自然环境构成，是区域复合生态系统的自然物质基础；社会子系统以人口和制度为中心，为经济系统提供智力、劳力和运作保障，也是复合生态系统发展的推动力，其就业结构、年龄结构、智力结构和利益阶层结构等决定着社会子系统的功能；经济子系统以产业发展为核心，包括第一、二、三产业及其内部行业、产业和技术结构等。三个子系统有各自的进化规律，同时三者之间也存在着相互联系、相互制约的关系，其结构决定着区域复合生态系统的性质和演化进程。区域复合生态系统是一种人与自然耦合的生态系统，它不同于以生物群落为客体的自然生态系统，除了具有自然生态系统的基本特征，如结构特征、地域特征、以生命活动为核心的特征和网络特征外，还具有明显的特殊性，具体包括以下几个方面。

（1）以人类活动为中心。区域复合生态系统是人工化的生态系统。一方面，系统中人既是消费者也是生产者，同时人类为了延续，并为社会提供劳动力，也需要进行自身的再生产；另一方面，系统内物流、能流、信息流及人类自身的流动主要是按照人类的意志来流动的，人类的控制和作用决定着复合生态系统的存在与发展。

（2）能流、物流量大。区域复合生态系统要维持其非平衡的稳定状态，就要不断地与系统外进行物质和能量的输入输出，而且物质与能量交换的密度高、数量大、周转快。

（3）不稳定，依赖性大。区域复合生态系统并非一个自律的生态系统，系统内需要的物质和能量不能自给自足，需要依赖外界生态系统供给；而且伴随着人类活动的增强，系统中自然物种多样性减少，物流和能流流转方式发生异化，系统的自我调节能力降低，其稳定性依赖于人的活动及其认识水平。

3）区域生态调控理论

控制论是研究系统的控制规律以实现优化目标的科学。它是利用系统各组分之间的相互关系和信息传递，将整个系统组织演变成能自动合乎要求的运动机制的一门横断科学，从而为研究复杂且其复杂性不能被忽视的系统提供了一种新的研究方法。对于区域复合生态系统这样一个复杂的系统，运用控制论的方法来组织和调控它的进化过程不啻为一种好的方法。其基本原理如下。

（1）竞争和共生原理。系统的资源承载力、环境容纳总量在一定时空范围内是恒定的、有限的，但其分布是不均匀的。差异导致竞争，竞争促进发展。为了争夺有限的资源，实现自身发展，系统内各要素必然会形成竞争关系，而利益一致的因素必然相互依赖形成共生关系。竞争和共生有助于提高区域资源的利用效率，实现系统的持续发展。优胜劣汰是自然及人类社会发展的普遍规律。

（2）拓展原理。一个企业、地区或部门的发展都有其特定的资源生态位和需求生态位，一个系统要实现稳定和持续的发展，必须不断开拓其发展空间和延展其物质运动的链条与强度，拓展资源生态位和压缩需求生态位，改造和适应环境，以便占有更多所需的资源和充分提高利用效益。

（3）反馈原理。复合生态系统是一个复杂的反馈系统，其发展受两种反馈机制所控制。一种是正反馈，导致系统无止境增长；另一种是负反馈，使系统维持稳态。初期一般正反馈占优势，后期负反馈占优势。持续发展的系统中正负反馈机制相互平衡。区域的可持续发展应运用正负反馈机制，在协同人与自然或各子系统相依关系的基础上持续稳定地快速发展。

（4）主导性、多样性原理。区域复合生态系统必须以优势组分为主导，才会有发展的实力；必须有多元化的结构关系，才能分散风险，增强稳定性。主导性和多样性的合理匹配是实现可持续发展的前提。

（5）最小风险原理。系统发展的风险与机遇是并存的，要善于创造和抓住机会，规避和减小风险，以促进其稳定发展。

（6）生克原理。任一系统既有某种利导因子主导其发展，又有某种限制因子抑制其发展；资源的稀缺性导致系统内的竞争和共生机制。这种相生相克作用是提高资源利用效率、增强系统的自身活力、实现持续发展的必要条件，缺乏其中任何一种机制的系统都是没有生命力的。

（7）扩颈原理。复合生态系统的发展初期需要开拓和适应环境，发展速度较慢；适应环境后，发展速度呈指数上升；然后又受环境容量或瓶颈的限制，发展速度放慢；最终接近某一阈值水平，系统稳定。整体而言，系统呈 S 形增长。但人能改造环境，扩展瓶颈，系统又会出现新的 S 形增长，并出现新的限制因子或瓶颈。复合生态系统正是在这种不断逼近和扩展瓶颈的过程中波浪式前进，实现可持续发展。

（8）循环原理。世间一切产品最终都要变成废弃物，世间任一“废弃物”又必然成为生物圈中某一生态过程有用的“原料”；人类一切行为最终都要反馈给作用者本身。物质的循环再生和信息的反馈调节是复合生态系统持续发展的根本动因。

（9）生态设计原理。系统演替的目标在于功能的完善而非结构或组分的增长；系统生产的目的在于对社会的服务功效，而非产品的数量或质量。这一生态设计原理是实现可持续发展的必由之路。

（10）机巧原理。系统发展的风险和机会是均衡的，大的机会往往伴随高的风险。要善于抓住一切适宜的机会，利用一切可以利用甚至对抗性、危害性的力量为系统服务，变害为利；要善于利用中庸思想避开风险、减缓危机、化险为夷。

3. 城市生态经济学理论

城市生态经济学是建设生态城市理念的理论基础，其中生态经济系统理论、动态平衡理论和综合效益理论同建设生态城市的理念关系最为密切。

（1）生态经济系统理论要求建设生态城市必须全方位推进。城市生态经济系统是由多个子系统通过一定的技术路线耦合而成的系统。各子系统通过物流、能流、信息流、价值流、人流的顺畅运动相互连接、相互作用，并促使整个系统正常运行，不断满足人们的各种需要。在城市生态经济系统的运行中任何一个子系统或一条技术路线发生问题，都会产生相邻效应，并影响整个系统的运行。建设生态城市涉及以上各个子系统，其目的就是保证经济、社会、生态各子系统的协调性和整个系统的可持续发展。从这个意义上说，建设生态城市不仅包括城市污染治理、环境保护、绿化建设等，还包括产业结构、能源结构、技术结构等的调整和升级换代。因此，根据生态经济系统理论，建设生态城市不能搞单项突进，而必须注重和力求全方位推进，只有这样才能取得好的成效。

（2）生态经济动态平衡理论对建设生态城市过程中处理平衡和协调的关系具有指导作用。城市生态经济平衡是以生态平衡为基础，与经济平衡有机结合的平衡形态。

首先，生态经济是一种整体平衡，没有生态平衡，经济平衡就会受影响，整体平衡就不会存在；其次，它是动态平衡，是一个从低级平衡向高级平衡不断演进的过程；最后，它是一种可调控的平衡，即只要按生态经济规律办事，人们就可以借助先进的科学技术、有效的管理手段、雄厚的经济实力，调控城市生态经济系统的运行，使其保持动态平衡状态。建设生态城市就是在遵循生态经济规律的前提下，调控生态经济平衡。因此，人们在建设生态城市的实践中，必须确立整体平衡的观念，把握动态平衡的方向，充分利用可调控平衡的特点，以建设生态城市，促进城市生态经济平衡。

（3）生态经济综合效益理论是检验生态城市建设成果的最主要依据。生态经济综合效益包括经济效益、社会效益和生态效益。它们具有共生性，即当某种效益产生以后，其他效益也相伴而生，但相伴而生的效益可能是正，也可能是负的。建设生态城市就是要追求最佳生态经济综合效益，力求做到经济效益、社会效益和生态效益的“三赢”。因此，生态经济综合效益可以作为评价生态城市建设成果的最有力依据。

在以上生态城市建设的理论基础指导下，世界各地的生态城市建设实践丰富了生态城市建设的基本理论。

Register（1987）领导的城市生态学会在其生态城市建设实践中，不断丰富生态城市的建设思想。1996 年该组织提出了较完整的建立生态城市十项原则。

（1）修改土地利用开发的优先权，优先开发紧凑的、多样的、绿色的、安全的、令人愉快的和有活力的混合土地利用社区，而且这些社区靠近公交车站和交通设施。

（2）修改交通建设的优先权，把步行、自行车、电车和公共交通出行方式置于比小汽车方式优先的位置，强调“就近出行”。

（3）修复被损坏的城市自然环境，尤其是河流、海滨、山脊线和湿地。

（4）建设体面的、低价的、安全的、方便的、经济实惠的混合居住区。

（5）培育社会公正性，改善妇女、有色民族和残疾人的生活和社会状况。

（6）支持地方化的农业，支持城市绿化项目，并实现社区的花园化。

（7）提倡回收，采用新型优良技术和资源保护技术，同时减少污染物和危险品的排放。

（8）政府同商业界共同支持具有良好生态效益的经济活动，同时抑制污染、废物排放和危险有毒材料的生产和使用。

（9）提倡自觉的简单化生活方式，反对过多消费资源和商品。

（10）通过提高公众生态可持续发展意识的宣传活动和教育项目，提高公众的环境保护意识。

澳大利亚城市生态委员会提出生态城市的发展思路为：修复退化的土地；城市开发与生物区域相协调、均衡开发；实现城市开发与土地承载力的平衡；终结城市的蔓延；优化能源结构，致力于使用可更新能源，如太阳能、风能，减少化石燃料消费；促进经济发展；提供健康和有安全感的社区服务，鼓励社区参与城市开发；改善社会公平；保护历史文化遗产；培育多姿多彩、丰富的文化景观；阻止对生物圈的破坏。

欧盟提出的可持续发展人类住区十项关键原则被生态设计专家认为是生态城市的基本概念。该十项原则包括资源消费预算、能源保护和提高能源使用效率、发展可更新能源的技术、可长期使用的建筑结构、住宅和工作地彼此邻近、高效的公共交通系统、减少垃圾产生量和回收垃圾、使用有机垃圾制作堆肥、循环的城市代谢体系、在当地生产所需求的主要食品。

中国著名生态学家王如松和欧阳志云（1994）在对城市问题和生态城市进行深入研究的基础上，提出建设天城合一的中国生态城思想，认为生态城市的建设要满足以下标准：人类生态学的满意原则、经济生态学的高效原则、自然生态学的和谐原则。由此中国生态城市建设必须实现四个转变，即从对物理空间的需求上升到人对生活质量的需求；从污染治理的需求上升到人的生理和心理健康需求；从城市绿化需求上升到生态服务功能需求；从面向形象的城市美化上升到面向过程的城市可持续性发展。用一句话概括，就是要引进天人合一的系统观、道法天然的自然观、巧夺天工的经济观和以人为本的人文观，实现城市建设的系统化、自然化、经济化和人性化。

生态城市建设是一种渐进、有序的系统发育和功能完善过程。当前各国生态城市建设思想虽有所不同，但目标和理念基本是一致的，其建设重点都强调资源的可持续使用。

2.3.3 生态城市建设的主要内容

目前无论是发达国家还是发展中国家，都把创建生态城市作为城市发展的最高层次和追求目标，而生态城市规划是以创建生态城市为目的的城市生态规划。1984 年，联合国在其“人与生物圈”的研究计划中提出了生态城市规划的五项原则。

（1）生态保护战略，包括自然保护、动植物区系保护、资源保护和污染防治。

（2）生态基础设施，即自然景观和腹地对城市的持久支持能力。

（3）居民的生活标准。

（4）文化历史的保护。

（5）将自然融入城市。

在生态城市规划上，应考虑四个基本问题，即人口问题、资源合理利用问题、经济发展问题和环境污染问题。

同年，我国学者马世骏和王如松（1984）提出“城市是由社会、经济、自然三个子系统所组成的复合生态系统”，并指出“在当代若干重大社会问题中，无论是粮食、能源、人口和工业建设所需要的自然资源及其相应的环境问题，都直接或间接关系到社会体制、经济发展状况以及人类赖以生存的自然环境。虽然社会、经济和自然是三个不同性质的系统，都有各自的结构、功能及其发展规律，但它们各自的存在和发展，又受彼此结构、功能的制约。此类复杂问题显然不能只单一地看成社会问题、经济问题或自然生态学问题，而是若干系统相结合的复杂问题，我们称其为社会-经济-自然复合生态系统问题”。因此，生态城市规划建设的内容应根据城市的具体情况，综合城市社会、经济和自然系统的多个方面，因地制宜、突出重点、有针对性地拟定。具体来讲，结合我国城市规划建设的现状及发展趋势，可将生态城市规划编制的主要内容概括为生态功能区划、生态景观空间调控、生态经济体系建设、资源和生态环境支撑体系建设及生态社会体系建设等几个方面。

1. 生态功能区划

生态功能区划是通过分析辨识市域生态系统类型的结构和过程特征，对不同生态系统类型的生态服务功能及其重要性做出评价，明确生态环境敏感区，并结合市域的社会、经济状况，将对象系统划分为不同类型的单元。

生态功能区划是进行生态城市规划建设的基础。进行生态功能区划的过程就是对生态城市对象系统进行总体性把握和战略性构架的过程。在区划过程中要综合考虑社会、经济、人口和生态环境多方面的因素，因而能够揭示各生态区域的综合发展潜力、资源利用优劣势和科学合理的开发利用方向，从而为制定生态城市建设的宏观布局以及详细的工程措施和发展对策提供科学依据。

2. 生态景观空间调控

人类对景观的塑造或改变主要表现在不同的土地利用方式上，因此根据土地利用类型结合地貌分异的规律，进行景观划分。其中土地利用类型采用国家一级分类标准，即耕地、园地、林地、牧草地、居民点及工矿用地、交通用地、水域和未利用土地；地貌的分异表现为山地、丘陵、沟谷、平原、滩涂、海域、岛屿等。

城市土地利用的空间配置直接影响到城市生态环境质量及人口居住和经济生产的规模和合理度。应用景观生态学原理，以生态系统的空间关系为研究重点，注重景观的空间结构与生态过程的相互影响，对市域生态格局进行研究与评析，可揭示其社会、经济和生态环境的发展特征、配合程度及其优劣。具体的生态景观空间调控规划应包括市域城镇体系建设、土地利用结构和空间格局调整的生态调控规划措施。

3. 生态经济体系建设

整个生态系统的自然资源及其物质和能量运动规律是人类社会经济系统的根本，澳大利亚城市生态学家查利·霍伊尔（Cherie Hoyle）把这种基本认识精简为：“没有生态就没有经济，没有星球就没有利润。”如果我们的行为与自然法则相违背，那么建造在自然之上的人类大厦就会产生一系列的矛盾。

城市本质上是一个为满足人口聚集和生存发展需要而饱受人工作用的生态系统，人类社会的经济再生产过程是城市生态系统中最主要的显著不同于自然生态系统的环节。不同的经济发展模式和产业发展形态对城市环境的影响不尽相同。20世纪中期以后，发达国家的许多城市通过转变经济发展方式和实施保护环境的措施，初步取得了经济和环境的协同发展。

产业结构是经济结构的主体，影响城市生态系统的结构和功能。运用产业生态学原理和方法，调整以产业结构为主体的城市经济结构，发展生态经济体系，能够从根本上改善城市生态结构和促进物质良性循环与能量有序流动，是生态城市建设必不可少的重要措施。

4. 资源和生态环境支撑体系建设

在城市建设和经济发展过程中，对自然资源的掠夺式开发、不合理利用和巨大浪费使人类面临基础资源枯竭的危险，同时也产生了水土流失、生物多样性破坏、土地荒漠化等一系列生态破坏，和大气、水质、固体废弃物、噪声等方面的环境污染问题。这严重制约了城市和区域人口生活质量的提高，甚至威胁整个地球生态系统的良性循环。因此，实现水、土地、能源等自然资源的可持续开发利用与生态环境的综合整治和建设对生态城市的健康发展具有重要的支撑作用，是制定生态城市规划必不可少的组成部分。

5. 生态社会体系建设

城市发展的最终目标是提高人口的生活质量，实现社会的可持续发展。从生态社会学的角度来看，生态城市的人口、教育、科技、卫生、文化、法律、制度等都应当逐步完善，从而建立起与经济发展水平和资源与生态环境支撑水平相适应的生态社会体系。生态城市规划的编制内容应涵盖人口发展、教育和科技进步、社会福利与保障及生态文化建设等几个方面。

2.3.4　生态城市建设的主要目标

1. 致力于城市人类与自然环境的和谐共处

建立城市人类与环境的协调有序结构的主要内容包括：人口的增殖要与社会经济和自然环境相适应，抑制过猛的人口再增长，以减轻环境负荷；土地利用类型与利用强度要与区域环境条件相适应并符合生态原则；城市人工化环境结构内部比例的协调。

2. 致力于城市与区域发展的同步化

城市发展离不开区域背景，城市的活动有赖于区域的支持。从生态上来看，城市生态环境与区域生态环境是一个整体，是息息相关的。另外，人工环境建设与自然环境的和谐结构的建立也需要一定的区域回旋空间。

3. 致力于城市经济、社会、生态的可持续发展

城市生态建设不仅为城市人类提供一个良好的生活、工作环境，而且通过这一过程使城市的经济、社会系统在环境承载力允许的范围之内，在一定可接受的人类生存质量的前提下得到不断的发展；通过城市经济、社会系统的发展为城市的生态系统质量的提高和进步提供源源不断的经济和社会推力，最终促进城市整体上的可持续发展。

第3章　城市生态-经济-社会复合系统及综合评价指标体系的构建

3.1　生态系统与城市生态系统

3.1.1　生态系统

1. 生态系统的定义

地球是一个生机勃勃、丰富多彩的世界，从陆地到水体、从极地到赤道、从海底到高空，不同的生态环境和生物群落，形成极其丰富、各具特色的自然生态系统。生态系统是指在一定空间范围内，所有生物因子和非生物因子，通过能量流动和物质循环过程形成彼此关联、相互作用的统一整体。生态系统是开放系统，为了维系自身的稳定，需要不断输入能量，否则就有崩溃的危险；许多基础物质在生态系统中不断循环，其中碳循环与全球温室效应密切相关。生态系统是生态学领域的一个主要结构和功能单位，属于生态学研究的最高层次。

2. 生态系统的组成

任何一个生态系统都由生物与非生物环境两大部分组成。

1）生物部分

生态系统中的各种生物，按照它们在生态系统中所处的地位及作用的不同，分为生产者、消费者和分解者三大类群。生产者是其他生物种群的食物和能源的提供者；消费者是直接或间接利用生产者所制造的有机物质为食物和能量来源的生物；分解者以动植物残体和排泄物中的有机物质为食物和能量来源，把复杂的有机物分解为简单的无机物复归环境，供生产者重新利用。

2）非生物环境部分

非生物环境是指生态系统中生物赖以生存的物质、能量及其生活场所，是除了生物以外的所有环境要素的总和，包括阳光、空气、水、土壤、无机矿物质等。

生态系统中，生物群落处于核心地位，它代表系统的生产能力、物质和能量流动强度及外貌景观等；非生物环境既是生命活动的空间条件和资源，也是生物与环境相互作用的结果。在这个系统中，生物的高低级之间，生物与非生物之间，组成了一个由低级到高级、由简单到复杂的生物食物链。每一种生物与非生物都是这个生物链中的一个环节，能量和物质在这个食物链中逐级传递，由低级到高级、又由高级到低级循环往复流动，使之形成一个相互关联和互动的生物链，从而维持自然界各种物质间的生态平衡，保证自然界持续健康发展。

3. 生态系统的能量流动

地球上的一切生命活动都包含能量的利用，这能量均来自于太阳能。当太阳能进入生态系统时，首先由植物通过光合作用将光能转化为贮存在有机物中的化学能；其次这些能量就沿着食物链从一个营养级到另一个营养级逐级向前流动，先转移给草食动物，再转移给肉食动物，从小肉食动物转移到大肉食动物；最后生产者和各级消费者的残体及代谢物被分解者分解，贮存于残体和代谢物中的能量最终被消耗释放回环境中。

由此可见，在生态系统中，能量是单方向沿着食物链营养级由低级向高级流动的，能流具有不可逆性和非循环性，能量沿食物链逐渐减少，能流越流越细。

能量的梯级利用是生态系统的一个重要特征。

4. 生态系统的物质循环

生物为了满足机体生长发育、新陈代谢的需要，需不断从环境中获取其营养物质。这些物质进入有机体后经传递、代谢和分解后，又重新回到环境中，这一过程即为物质循环。生态系统的物质循环遵循质量守恒定律，即生态系统中的物质在循环中从一个个体到另一个个体，从一个种群到另一个种群，从一个生态系统到另一个生态系统，其形态、结构、组合可发生变化，但从元素角度来讲，物质不会消亡。

根据物质环境的范围、线路和周期的不同，可将物质循环分为两类：一类是生态系统内的生物小循环，它是在一定地域内，生物与周围环境之间进行的物质循环，其循环速度快、周期短，主要是通过生物对营养元素的吸收、留存和归还来实现的；另一类是生物地球化学大循环，其具有范围大、周期长、影响面广的特点。任何生态系统与外界都存在不同程度的输入和输出关系，因此，生物小循环是不封闭的，它要受到另一类范围更广的地球化学大循环影响。生物小循环与地球化学大循环相互联系、相互制约，小循环寓于大循环中，大循环不能离开小循环，两者相辅相成，构成整个生物地球化学循环。

据统计，地球净初级生产量约为 162.5×10^{12}kg/年，其中陆地为 107.2×10^{12}kg/年、海洋为 55.3×10^{12}kg/年。这些初级生产量通过水循环、氮循环、碳循环和磷循环，在食物链上随能量逐级传递，并最终返回到生物地球化学循环中。

3.1.2 城市生态系统

1. 城市生态系统的形成及其发展

城市生态系统是以城市为中心、自然生态系统为基础、人的需要为目标的自然再生产和经济再生产相互交织的经济生态系统。城市生态系统也是一个以人为中心的生态、经济与社会复合起来的人工生态系统，因而其组成包括自然生态系统、经济系统与社会系统（图 3-1）。城市生态系统是人类生态系统的主要组成部分，它既是自然生态系统发展到一定阶段的产物，也是人类生态系统发展到一定阶段的产物。对城市生态系统的概念可以理解为：城市生态系统是城市空间范围内的居民与自然环境系统和人工建造的社会环境系统三部分相互作用而形成的统一体，也是自然生态系统和人工生态系统相结合的产物。它是以人为主体的、自然环境和人工环境相结合的、开放性的生态系统。

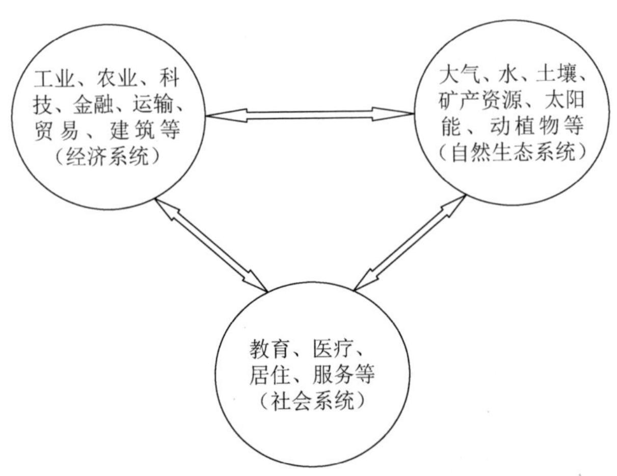

图 3-1　城市生态系统组成结构图

城市生态系统是人类生态系统经过漫长的发展岁月而产生的，也是人类生态系统长期演变进化的结果。人类社会在发展进程中，先后经历了自然生态系统、农村生态系统，直到出现城市后才产生城市生态系统，人类生态系统从此划分为农村生态系统和城市生态系统两大类型。不过，由于从奴隶社会到封建社会经历了漫长的历史时期，这期间全世界城市人口只是很小的比例，而且城市人口发展缓慢。另外，虽然城市生态系统产生较早并在渐进的发展中，但是在整个人类生态系统的发展史中只占很小的一部分，可它在整个人类生态系统的发展中却起着举足轻重的作用。19世纪开始的资本主义工业化使人类生态系统的发展进入了新的发展阶段，全世界多数工业发达国家和地区城市人口的增长超过了农村人口的增长，有些国家城市人口的数量逐渐超过了农村人口的数量。当今，城市生态系统已成为人类生态系统的主体。

2. 城市生态系统的基本功能

城市生态系统的功能是指生态系统及其内部各子系统或各组成成分所具有的作用。城市生态系统是一个开放型的生态系统，具有外部功能和内部功能。外部功能是联系其他生态系统，根据系统的内部需求，不断从外系统输入与输出物质和能量，以保证系统内部的能量流动和物质流动的正常运转与平衡；内部功能是维持系统内部的物质流动和能量流动的循环和畅通，并将各种信息不断反馈，以调节外部功能，同时把系统内部不需要的或剩余的物质和能量输出到其他外部生态系统中去。外部功能是依靠内部功能的协调运转来维持的。因此城市生态系统的功能表现为系统内外的物质、能量、信息、货币及人流的输入、转换和输出。

（1）城市生态系统的生物生产功能。生物能通过新陈代谢作用与周围环境进行物质交换、生长、发育和繁殖。城市生态系统的生物生产功能是指城市生态系统所具有的，包括人类在内的各类生物交换、生长、发育和繁殖的过程。一是生物的初级生产，即植物的光合作用过程。城市生态系统中的绿色植物包括农作物、森林、草地、果园、苗圃等人工或自然植被，在人工的调配下，生产粮食、蔬菜、水果和其他绿色植物产品。然而，城市以第二产业和第三产业为主，所以城市生产生物产品所占的空间比例并不大。但是，城市景观作用和环境保护功能对城市生态系统来说是十分重要的。因此，尽量大量保留城市农田、森林、草地等系统的面积是非常必要的。二是生物次级生产。城市生态系统的生物初级物质生产与能量的储备是不能满足城市生态系统的生物（主要是人）的次级生产需要的。因此，城市生态系统所需要的生物次级生产物质相当一部分从城市外部输入，表现出明显的依赖性。城市的生物次级生产主要是人，因此城市生物次级生产过程除受非人为因素的影响外，主要受人的行为的影响，具有明显的人为可调性，即人类可以根据城市需要改变发展过程的轨迹。另外，城市生物次级生产还表现出社会性，即城市生物次级生产是在一定的社会规范和法律的制约下进行的。为了维持一定的生存质量，城市生态系统的生物次级生产在规模、速度、强度和分布上应与城市生态系统的初级生产和物质、能量的输入、输出、分配等过程取得协调一致。

（2）城市生态系统的非生物生产功能。城市生态系统的非生物生产是人类生态系统特有的生产功能，是指城市生态系统具有创造物质财富和精神财富以满足城市人们物质消费和精神需求的功能。具体地说，城市生态系统的非生物生产包括物质生产和非物质生产两大类。

物质生产是指为满足人们的物质生活需要所进行的各类有形产品的生产和提供的各种服务，包括各类工业品生产、各类城市基础设施产品、各类服务性产品。城市生态系统的物质生产不仅为城市的人们服务，更主要的是为城市以外的人们服务。因此，城市生态系统的物质生产量和所消耗的资源和能源都是巨大的，对城市区域及外部区域自然环境的压力也很大的。

非物质生产是指满足人们的精神生活需要所生产的各类文化艺术产品及相关的服务。城市中具有众多的作家、诗人、画家、歌唱家、剧作家等精神产品的生产者，推出小说、戏剧、音乐、绘画等精神文化产品，这些精神产品既满足了人们的精神文化需求，也陶冶了人们的情操。城市生态系统的非物质生产实际上是城市文化功能的体现，即从城市诞生的第一天起，就与人类的文化紧密联系在一起。城市的建设和发展反映了人类文明和人类文化进步的历程。城市既是人类文明的结晶和人类文化的荟萃地，又是人类文化的集中体现。从城市发展的历史看，城市起到了保护人类文明和推进文化进步的作用，它始终是人类文化知识的“生产基地”和文化知识发挥作用的“市场”，同时也是文化知识的消费空间。城市非物质生产功能的加强，有利于提高城市的品位和层次，有利于提高城市及整个人类的文化素养。

（3）城市生态系统的能量流动功能。城市生态系统的能量流动是指能源在满足城市多种功能过程中，在城市生态系统内外的传递、流通和耗散的过程。能源结构是指能源总生产量和总消费量的构成及比例关系。从总生产量分析能源结构，称为能源的生产结构，也即各种一次能源，如煤炭、石油、天然气、水能、风能、核能等所占的比重。从总消费量分析能源结构，称为能源的消费结构，也即能源的使用途径。一个国家或一个城市的能源结构是反映该国家和城市生产技术发展水平的一个重要标志。城市能源的基本流动过程是，从自然界中获取原生能源，包括煤、石油、天然气、油页岩、太阳能、生物能、风能、核能和地热能等，其中原生能源中有少部分，如煤、天然气等可以直接利用，但大多数需要加工转化成电能等次生能源供需求者消费。

3. 城市生态系统的特征

城市生态系统的特征包括以下几个方面。

（1）同自然生态系统和农村生态系统相比，城市生态系统中生命系统的主体是人，而不是各种植物、动物和微生物。城市次级生产者和消费者都是人，所以城市生态系统最突出的特点是人口的发展代替或限制了其他生物的发展。在自然生态系统和农村生态系统中，能量在各营养级中的流动都是遵循“生态学金字塔”规律的，在城市生态系统中却表现出相反的规律（图3-2和图3-3）。因此，城市生态系统要维持稳定和有序，就必须有外部生态系统物质和能量的输入。

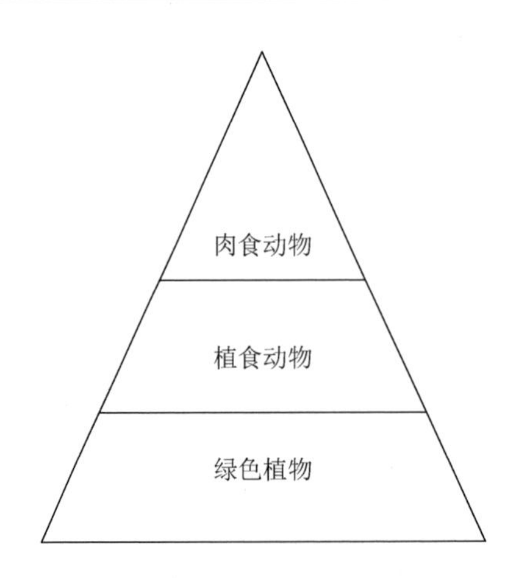

图 3-2　自然生态系统

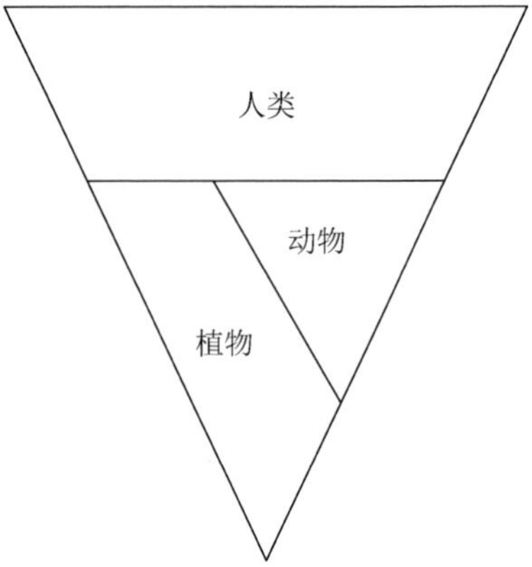

人类
动物
植物

图 3-3　城市生态系统

（2）城市生态系统的环境主要部分为人工环境。城市居民为了生产、生活的需要，在自然环境的基础上，建造了大量的建筑物、交通、通信、供排水、文化体育等城市设施。以人为主体的城市生态环境除了阳光、空气、水、土地、气候等自然环境条件外，还大量地加进了人工环境的成分，因此上述各种城市自然环境条件都不同程度地受到了人工环境因素和人的活动的影响，使得城市生态系统的环境变化显得更加复杂和多样化。

（3）城市生态系统是一个不完整的生态系统。城市生态系统大大改变了自然生态系统的生命组成部分和环境状况，使城市生态系统的功能同自然生态系统的功能相比，有较大区别。在经过长期的生态演替处于顶级群落的自然生态系统中，其系统内部的生物与生物、生物与环境之间处于相对平衡状态，而城市生态系统则不然，为美化绿化生态环境而种植的树木花草不能作为营养物供城市生态系统消费者使用，因此维持城市生态系统平衡所需要的大量营养物质和能量，就需要从系统外的其他生态系统中输入。另外，城市生态系统所产生的各种废物，也不能仅靠城市生态系统的分解者完全分解，所以城市生态系统是一个不完全、不独立的生态系统。如果从开放性和高度输入的角度来看，城市生态系统又是发展程度最高、反自然程度最强的人类生态系统。

（4）生态系统在能量流动方面具有明显的特点。在能量使用上，自然生态系统和城市生态系统的显著不同如下：自然生态系统的能量流动类型主要集中于系统内各生物物种之间所进行的动态流动过程，反映在生物的新陈代谢过程之中；而城市生态系统由于技术的发展，大部分的能量是在非生物之间的交换和流转，反映在人力制造的各种机械设备的运行过程之中。并且随着城市的发展，它的能量、物质供应地区越来越大，从城市所在的临近地区扩展到整个国家，直到世界各地；在传递方式上，城市生态系统的能量流动方式要比自然生态系统多。自然生态系统主要通过食物网传递能量，而城市生态系统可通过农业部门、能源生产部门、运输部门等传递能量；在能量流运行机制上，自然生态系统能量流动是自为的、天然的，而城市生态系统能量流动以人工为主，如一次性能源转换成二次能源、有用能源等都是依靠人工；在能源生产和消费过程中，有一部分能量以废物的形式排入环境，使城市遭到污染。

3.2　城市生态-经济-社会复合系统的构建及其基本功能

3.2.1　城市生态-经济-社会复合系统的构建

建设生态城市，实现城市的可持续发展，其实质就是要实现城市生态-经济-社会复合系统的协调发展。因此，建设生态城市，要从理论和实践的结合上，理清城市生态-经济-社会复合系统的构成、基本功能和主要特征，以便掌握生态-经济-社会复合系统的内在联系，把握其规律性，将自然生态规律、经济规律和社会发展规律有机结合起来，更好地指导生态城市建设。

城市生态-经济-社会复合系统是一个城市所在地域上的生态系统、经济系统和社会系统复合而成的大系统。这就是说，城市生态-经济-社会复合系统由生态、经济和社会三个子系统构成。这三个子系统及组成子系统的各要素又由更细分类的要素组成，各子系统和各要素相互耦合、相互作用，形成一个十分复杂的大系统。

（1）城市生态系统由城市生命系统和城市环境系统组合而成。在城市生命系统中，主体生物是人，即城市居民；此外，还包括各种人工种养的和天然的植物群落、动物群落和微生物群落等。而城市环境系统则分为城市自然环境和城市人工环境两大类。其中城市自然环境包括城市的地理位置、流域或自然水体、矿藏、气候、自然景观等，它们构成天然的生态环境和自然资源；而城市人工环境系统则分为城市基础设施、城市居民住宅、城市人工景观等，它们是人工创造的生态环境。

（2）城市经济系统由城市生产力系统和城市生产关系系统组成。在城市生产力系统中，可分为三个层次的要素。第一个层次是基础层次，其要素称为“实体性因素”，包括劳动力、劳动资料和劳动对象，即通常所说的生产力“三要素”；第二个层次是中间层次，其要素称为“附着性因素”或“渗透性因素”，具体包括科学、技术、生产信息和现代教育。这些要素的特点是没有实物形态，只能附着在或渗透在上述三种实体性因素之中，通过提高它们的质量或改善它们之间的联系来发挥作用。第三个层次是最高层次，其要素是“运行性因素”，即生产管理，包括资源的优化配置、生产力的结构设计与合理布局、规模选择、综合决策、时序安排及分工协作等。只有这些方面的问题妥善解决好，生产力各要素才能进行实质性的运行。

在城市生产关系系统中，大体上也包括三个层次的要素。第一个层次是生产资料所有制形式及其所有权和使用权；第二个层次是劳动产品的分配关系和分配方式；第三个层次是城市经济管理体制，它是生产关系基本的和综合的表现形式。

（3）城市社会系统是一个与城市人口再生产、社会福利、社会文化相对应的系统。它包括城市人口结构和计划生育系统、医疗卫生系统、环境卫生系统、妇幼保健系统、教育和人力资源培育系统、社会保障系统、社会治安系统、人寿保险和医疗保险系统、城市社区服务系统、城市民族和宗教事务系统等。

3.2.2 城市生态-经济-社会复合系统的基本功能

城市生态-经济-社会复合系统的基本功能包括三个方面，即生态功能、社会功能和经济功能。这三种功能通过经济再生产、人口再生产和生态环境再生产表现出来。这三种再生产由于在系统内交织进行，形成了五种“流”的输入输出关系，即物质流、能量流、信息流、人流和价值流的输入、转化和输出关系。

（1）物质流。物质流是指构成客观世界的物质处于不断的运动和周而复始的循环之中，其运动形式包括分解、合成、组合、渗透、运转等。周而复始的循环可以使物质被多次重复利用，它既可以从一个系统中“消失”，又可以在另一个系统中以某种形式出现，从而使物质在不同系统之间反复利用、循环利用。物质的这种不断运动和周而复始的循环，被称为物质流或物流。

客观世界的物质流包括自然物流和经济物流两大类。自然物流（也称生态系统的物流）是指自然界的物质循环，自然界的无机元素，被生物吸收后，便从环境进入有机体。通过合成过程，构造了有机体的各个部分，进入生物食物链或食物网，保证了生物的生存和正常生长发育。然后又通过生物的排泄物和尸体残骸的分解过程，回归到环境中，供生物吸收利用。经济物流（也称经济系统物质流）是指社会经济活动中的生产-分配-交换-消费过程，或指生态物流在社会各经济部门之间的循环流动。自古以来，人类以各种方式参与生态物流循环，使生态系统为人类社会经济服务。生态物流的演变，标志着人与自然关系的变化，标志着人类社会的进步和科学技术水平的提高。在社会再生产过程中，经济物流一般包括三种形式：一是生产过程的物流。它在流动的过程中改变自然资源的形态，被加工成为人们所需要的物质产品，同时又有废弃物返回自然界，参与生态系统的物质循环。二是流通过程中的物流（又称商品流），商品是用来交换的劳动产品，这时物质以产品的形态在相关部门流动。三是消费过程中的物流，主要指生活消费和最终产品的消费。这时物质一般以产品或商品的形态在不同消费者中流动，它一方面满足人类生存和社会发展的需要；另一方面消费后的垃圾和生产中的废物直接进入自然界，参与生态系统的物质循环或变成资源被综合利用和重复利用。自然物流在生态-经济-社会复合系统中是同时进行、相互促进、相互转化的，以此推动生态-经济-社会复合系统的正常运转和不断发展。生态系统不断地向社会经济系统输入原料，进入生产过程。社会经济系统将其转化成经济物质不断地向生态系统转入，促进生态系统物流的高速转化，从而又增加了生态系统转出的产品数量。这些生态产品在社会经济系统中通过生产、交换、分配、消费等过程，又转化为经济产品和经济物质，再转入生态系统维持生态物流循环，为人类社会生产和再生产的不断循环提供物质基础。

城市生态-经济-社会复合系统是人和人工物质高度集聚的地域，它每天都要从外界输入大量的粮食、水、原料、劳动资料等，而又向外界输出大量的产品和“三废”物质等。所以，城市是地球表层物质流在空间大量集中的地域，物质流的流速依据不同城市的技术结构状况、规模状况和管理状况的不同而大不相同。城市生态-经济-社会复合系统的物质流可分为自然物质流、经济物质流和废弃物质流三大类。自然物质流是指流经城市的地面水、大气环流、自然降水和野生生物运动（鸟类、鼠类）等；经济物质流是指沿着投入产出链条或生产消费链条流通着的各种经济物质，它们是取之于自然界并经人类劳动加工的物质，也是使用价值在城市生态-经济-社会复合系统中的流通和流动，是城市物流中最主要的组成部分；废弃物流是指城市各种生产和生活废弃物的流动，它们往往附着在自然物质流之上或混入自然物质流之中一起流动，如城市污水排入江河、城市废气排入大气系统等，随着科学技术的发展，城市对废弃物的回收利用能力不断增强。

（2）能量流。城市生态系统中的一切活动都需要消耗各种形式的能量来维持。一个城市的能流强度，也就是它的能量消费，可以代表这个城市的发展水平，也是衡量城市居民生活水平的主要指标。一般情况能量的传递和转化是自然界物质运动的基本规律，也是最重要的功能。在物理学中，能量是指做功的能力，并遵循热力学第一定律和热力学第二定律。热力学第一定律是指自然界中的能量只能从一种形式转化为另一种形式，它既不能消灭，也不能凭空产生，在能量转化过程中，能量的总和是恒量，即能量守恒定律。热力学第二定律是指在封闭系统中能量的传递是从高势能向低势能转变，由有序向无序分布，能量的传递方向是单向的、不可逆的，能量在传递和转化的过程中，不仅要消耗一部分自由能，而且总会有一部分“废弃物”逸散到环境之中。自由能和熵是热力学中的两个状态函数。自由能是指具有做功本领的能量，熵是指不能做功的能量。因此，一个封闭系统总是倾向于自由能减少而熵增加。而开放系统则倾向于保持高的自由能而使熵变小，只有不断输入物质和能量，不断排出熵，开放系统才能保持稳定的状态。能量流包括自然能流和经济能流两部分。自然能流又称生态系统能流，包括太阳能流、生物能流和矿物能流等。食物链和食物网是自然能流的主要渠道，也是生态平衡的维持者和稳定者。经济能流是指自然能流被开发或投入经济系统中，无论是消耗的或是储存的都属于经济能流（图3-4）。人类社会经济活动的维持与演变必须依靠外界能量的输入。食物能量是人类生存和繁衍的基础，也是经济系统能量流的主要组成部分。随着经济社会的发展，能源将会被更大规模地开采和使用，能源短缺将是制约经济社会发展的重要因素，因此，必须合理开发利用能源，大力发展新能源技术，加强节能，促进能源的利用。

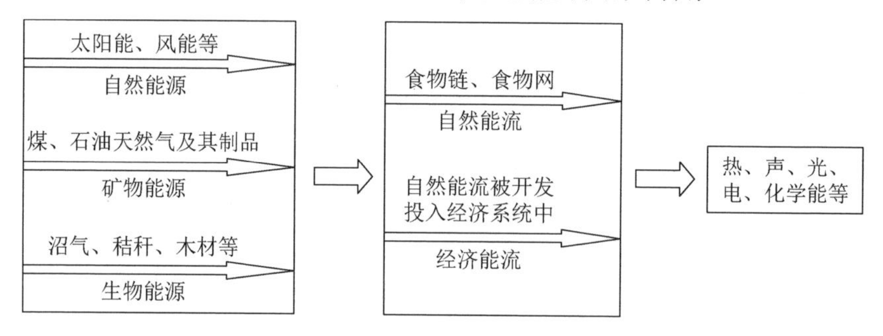

图 3-4　城市能量流动框图

城市生态-经济-社会复合系统要维持其经济功能、社会功能和生态功能，必须不断地从外部输入自然能量，如输入食物能、煤、石油、天然气、水能等，并经过加工、储存、传输、使用、综合利用等环节，使能量在城市生态-经济-社会复合系统中进行流动。一般来说，城市的能流是随着物流的流动而逐渐转化和消耗的，它是城市居民生活和城市经济发展的基础。同城市物流可以回收、处理及循环利用的特点不同，城市能流在开发转化、使用的过程中，能量逐渐消耗，部分余热余能就以热的形式排入城市生态环境。因此，对余热余能要尽量综合利用。城市的经济能流是由低质能量向高质能量转化和消耗高质能量的过程，这一点和自然生态系统只以太阳能沿着食物链流动为主体不大相同。当然在城市生态-经济-社会复合系统中，太阳能的流动和转移也是影响城市生态环境和经济发展的重要方面，应大力推广使用太阳能等可再生能源，此外，还有风能、水能和潮汐能等自然能量。

（3）信息流。信息流是指在空间和时间上向同一方向运动过程中的一组信息。它也是物流、能流、价值流的一种表现形式。人类调控经济社会活动是通过掌握物流、能流、价值流发出的信息流来进行的。信息流的特点之一是以物质流和能量流为载体，双向性传递，既有从输入到输出的传递，也有从输出向输入的信息反馈。人们按照这些反馈信息来改变输入的内容或数量，以便对被控制对象产生新的影响。信息流的畅通是保证经济社会各项活动正常运行的必要条件。信息流对现代经济社会发展具有重要作用，从生态经济的观念看，现代经济社会再生产把人类社会同生物圈紧密联系在一起，使整个社会正在逐步进入人与自然和谐共处、经济与环境协调发展的时代。社会再生产过程，实质上是物流、能流、价值流和信息流的汇合过程，信息传递是决策部门和管理部门有效地调控和组织经济社会运转的基本手段。经济管理部门必须掌握经济运行中的物流、能流、价值流所发出的信息流，以便控制和调节生产，使之达到生态-经济-社会复合系统良性循环的目的。同样，一个地区、一个城市或一个部门的领导者，要进行正确而科学的决策，就要广泛地搜集物流、能流、价值流发出的信息流，对信息流进行归纳整理，并概括出物质流动的内在规律，才能纵观全局，权衡利弊，做出科学决策。领导者掌握的信息流越多、越全面、越准确、越系统，就越有利于做出科学决策。由此可见，信息流是正确决策的前提和依据。这一点，在当今知识经济和信息时代尤为重要。

在城市生态-经济-社会复合系统中，除了物质流、能量流、人流、价值流等以外，还会产生和进行着大量的信息流动。这种信息流表现为城市生态-经济-社会复合系统的主体——人对系统的各种流的状态及趋势的认识、加工、传递和控制的过程。城市生态-经济-社会复合系统的任何运动都要产生一定的信息，其中自然信息包括水文信息、气候信息，环境质量信息、生物信息及物理、化学信息等；社会信息包括人的生老病死信息、婚丧嫁娶信息、社区文化信息、医疗卫生信息、科学教育信息、新闻传媒信息等；经济信息包括产品信息、价格信息、市场信息、金融信息、国际国内贸易信息、劳动力市场信息等。因此，城市生态-经济-社会复合系统是一个信息流高度集中的地域。这个系统的信息系统和管理系统就是对城市区域大量产生的无序的自然信息和经济社会信息进行搜集、整理、筛选、加工、传递、控制，并输入大量经过加工的高度有序化的信息。这种信息流随着程控电话网、通信和遥感卫星、国际互联网和城市信息港等信息基础设施的建立和发展而大大增强了流速和流量，对城市建设尤其是生态经济城市的建设起着十分重要的作用。

（4）人流。人流也称为人口流。它的基本形式包括两种：一种是人口和劳动力在不同部门和不同地域之间的流动；另一种是人口在一定地域内的自然增长和减少的过程。人流对于生态-经济-社会复合系统的健康发展至关重要。任何社会生产和再生产过程都是社会经济和自然生态的有机结合、相互转化和不断循环运动的过程，而这一运动过程是由人来实现的，人是生态-经济-社会复合系统循环中的主体，人的作用在于干预和协调经济社会与自然界之间的物质循环和能量转化关系，调控自然物流，创造经济物流，避免经济社会与生态环境的恶性循环。在我国，经济建设的重要任务就是要大力促进社会生产力的发展，而社会生产力的发展，又有赖于人口规模、结构的适度，有赖于劳动者素质以及生产技术的提高和劳动经验的丰富。实践证明，人口增长过快、过多，向自然界索取物质的数量就越多，资源消耗的速度就越快，从而使人口与经济、生态环境之间比例失调，物质循环和能量转化受阻，甚至使生态-经济-社会复合系统结构和功能失调，出现恶性循环，延缓经济社会发展的进程。因此，人流和人口问题就其实质来说是个经济和社会问题，人口的多少、增长的快慢、质量的高低与生态、经济、社会之间是相互制约、相互影响的关系，它可以促进也可以延缓经济和社会的发展。

城市是人口高密集的地域，因此，人流是城市生态-经济-社会复合系统功能的重要特征。城市人流包括属于自然生态系统的人口流，也包括属于社会系统的人才劳力流和旅游人流三大类。在自然生态系统人口流方面，既包括城市常住人口增长所形成的“流”，又包括城市内各种常住人口和外来流动人口在城市空间的位移所形成的“流”。在城市人才劳力流方面，主要是城市内各种教科文卫和管理等方面的人才和具有多种技能的劳动力的培养、成才、工作、调入调出的整个过程。城市，特别是大城市，它既是人口密集之地，更是各种人才和劳动力的荟萃之地，其中各种人才和劳动力是使一个城市生态-经济-社会复合系统富有生机和活力的主导因素，需要一代一代地培养造就，也需要人才和劳动力的合理流动，包括城市内的合理流动和城市与外界的合理流动。旅游人流是每个城市特别是旅游城市巨大的人流组成部分，每一城市在生态系统、经济系统和社会系统的某个方面都有吸引外地游客的特色。现代化的城市都以自身良好的生态旅游资源和社会人文旅游资源来吸引越来越多的国内外游客，以此发展城市旅游业，这就形成了城市季节性或常年性的强大旅游人流。

（5）价值流。一般而言，价值流是经济学的概念，不具备自然形态。它是人类在促进生态系统自然物流、能流向经济物流转化的同时，使人类的劳动凝结其中，形成价值流，并在经济系统循环中不断增值。商品具有使用价值和价值的双重属性，因此生产商品的过程既是生产商品使用价值的过程，也是商品价值的形成过程。在生产商品过程中，劳动者通过有目的的劳动，把劳动时间物化在产品中，在创造新的使用价值的同时，也把劳动过程中所消耗的生产资料的价值和劳动者在劳动过程中所消耗的一定量的抽象劳动投入产品中，创造出新价值并使价值流形成和增值。然后进入流通领域，通过商品交换实现其价值。至此，经过物化劳动、活劳动和信息的准备阶段，价值流的形成与增值阶段，价值的实现阶段，完成了价值流形成的全过程。从生态经济的观点看，人类的劳动过程，其实质是自然生态过程和社会经济过程相互作用、有机结合的过程。在此过程中，人类通过有目的的劳动在把自然物质转化成经济产品的同时，也使价值沿着产品的生产过程不断地形成、增值和转移，并通过商品交换实现其价值。这种以商品生产的价值形成、增值、转移和实现的过程，就是生态-经济-社会复合系统的价值流动过程，也称为价值流。

城市生态-经济-社会复合系统是人类劳动的产物，因此在系统运转过程中，必然伴随着价值的增值和货币的流动。城市生态-经济-社会复合系统价值量的增值，不仅包括一定时间城市总体经济产品价值的数量，也包括通过人类经济活动改变了自然资源状况和城市生态环境质量状况所形成的生态环境价值（正值的或负值的）数量。城市生态-经济-社会复合系统的价值增值和新增价值在经济再生产的各个环节的流动，具体通过货币的流通表现出来。城市又表现为一定地域的货币流通中心和财政金融中心，并通过价值的合理流通，来调节城市生态-经济-社会复合系统的经济功能、社会功能和生态功能的正常运行，以实现城市经济平衡、社会平衡和生态平衡的相对统一。

3.3 生态城市建设综合评价指标体系的构建

生态-经济-社会复杂巨系统的可持续发展问题的复杂性，要说明不同的内容，单个指标不能概括多方面的生态、环境、经济、社会因素，因此需要运用一套指标体系才能全面涵盖可持续发展的各个方面。1992 年里约环境与发展大会认识到，指标在帮助国家做出有关可持续发展的决策方面发挥着重要作用。《21 世纪议程》第 40 章号召各国、国际组织、政府组织、非政府组织开发和应用可持续发展的指标，以便为各层次的决策提供坚实基础。可持续发展指标应当具有三个方面的功能：一是描述和反映某一时间（或时期内）各方面可持续发展的水平和状况；二是评价和监测某一时期内各方面可持续发展的趋势和速度；三是综合衡量各领域整体可持续发展的协调程度。评价指标体系一般是由一组既相互联系又相互独立，并能采用量化手段进行定量化的指标因子所构成的有机整体。科学合理的指标体系是系统评价准确可靠的基础和保证，也是正确引导系统发展方向的重要手段。

3.3.1　生态城市建设综合评价指标体系的选取原则

目前在国际上普遍认可的可持续发展评价体系设置原则包括政策的相关性、易于分析和可测定性。联合国可持续发展委员会（United Nations Conference on Sustainable Development，UNCSD）的“可持续发展指标工作计划”（1995～2000）确定的可持续发展指标选择原则如下：①在尺度和范围上是国家级。②与评价可持续发展进程的主要目标相关。③可以理解、清楚、简单、含义明确。④在国家政府可发展的能力范围内。⑤概念上合理。⑥数量有限，但应保持开放并可根据未来的需要修改。⑦全面反映《21世纪议程》和可持续发展的各个方面。⑧具有国际一致的代表性。⑨基于已知质量和恰当建档的现有数据，或者以合理成本可获得的（有效成本）数据，并且可以定期更新。经济合作与发展组织（Organization for Economic Co-operation and Development，OECD）可持续发展指标的选择遵循以下三条基本原则：①政策的相关性。②分析的合理性。③指标的可测量性。加拿大国际可持续发展研究所（International Institute for Sustainable Development，IISD）1996年在意大利贝拉焦（Bellagio）会议上提出了可持续发展评价的原则——Bellagio原则（Bellagio principle）。Bellagio原则包括指导前景与目标、整体的观点、关键的要素、适当的尺度、实际的焦点、公开性、有效的信息交流、广泛的参与、进行中的评价、制度能力，是关于可持续发展进程评价的指导原则，其中涵盖了可持续发展评价的指标体系选择原则。

在国内研究中，研究人员也提出了许多可持续发展评价体系的设置原则，本书根据可持续发展综合能力评价的要求，确立生态城市可持续发展能力评价体系构建原则。生态城市是一个综合、系统、复杂的复合体，在这个庞大而又复杂的系统所包含的每个子系统的多个因子都在质量和数量方面有序地表现为一个指标（变量），根据生态城市的内涵以及指标体系的方法学，选出具有代表性的指标，按其各自特征进行组合，就构成了评价生态城市建设的指标体系。根据生态城市的特征和指标体系设计的目的，在建立生态城市建设评价指标体系时应当遵循以下基本原则。

1）科学性与系统性原则

科学性原则要求从生态城市建设的主要方面确定指标，充分地抓住发展的本质方面，做到主次分明。系统性原则指标体系的设计必须从系统全面的角度出发，要求所选的各个统计及评价指标要能够作为一个有机整体在其相互配合中比较全面、科学、准确地反映生态城市的内涵和特征。在设计指标体系的过程中，能够从各个不同的角度反映出生态城市的主要特征和状况，能够综合地反映生态城市发展的各个方面，并且各个要素必须处于协调状态，同时也要避免元素之间的交叉与重复，以减少信息的冗长度。

2）全面性与简明性原则

全面性原则要求评价指标体系作为一个整体，要能全面反映生态城市的建设特征。既要反映生态城市的社会进步、环境保护和经济发展各子系统的主要特征，还要反映生态城市各子系统之间的协调性。简明性原则是指在满足全面性的前提下，指标体系尽可能地简略化。一般来说，设置的指标越多、越细就越全面，所反映的客观现实也就越准确。但随着指标数量的增加，所带来的数据搜集和加工处理的工作量也成倍增长；而且指标分得过细，就无法避免发生指标与指标的信息重叠，相关性太强，反而会给评价工作带来不便。因此，生态城市建设指标评价体系应尽可能简单明了。为了便于数据的搜集和处理，应先对指标体系进行重复筛选，选择能反映生态城市特征的主要指标形成体系，摒弃一些与主要指标关系密切的从属指标，使指标体系更为简洁明晰，便于应用。

3）动态性与政策友好性原则

任何事物都是发展的，衡量生态城市发展水平的有关指标的评价目标值或标准必定要具有动态性。政策友好性，即导向性，是指所选的指标体系及其目标值要符合生态城市阶段的各类方针政策，要求既符合政策的规定性，又有利于促进政策的实施。

4）可操作性与可比性原则

可操作性原则是指标体系的建立要考虑到指标的量化及数据获取的难易程度和可靠性，尽量利用和开发统计部门现有的公开资料，尽量选择具有代表性的综合指标。从数据来源与数据处理的角度来看，构建的指标体系必须简单、明确、国内外所公认、易被接受，符合相应的规范要求。只有这样，才能保证评价结果的真实性和客观性。可比性原则是所建立的评价指标体系要能用于不同城市之间的生态化水平差距和同一城市不同时段的纵向比较，以便找出不同城市之间的生态化水平差距和同一城市的建设进展情况。

5）现实性与前瞻性相结合原则

指标体系的设计一定要体现生态城市的现状，要反映生态城市目前所处的基本情况。同时，指标体系的设计还要有一定的前瞻性，要能反映生态城市的未来发展趋势。发展趋势的好坏对生态城市评价的结果也有一定的作用。

3.3.2 生态城市建设综合评价指标体系的构建

为了推进全国生态县（区）、市、省的建设，进一步做好指导工作，2002年国家环境保护总局制定了《生态县、生态市和生态省建设指标（试行）》，该指标体系围绕经济发展、环境保护、社会进步三方面，制定了30项指标，并且规定了达标的具体标准。该指标体系突出了生态市建设要求经济、环境、社会协调发展，是一个最接近于生态城市内涵的标准体系。截至2011年国家环保总局共命名六批国家级生态市（县、区），共389个市（县、区）获此殊荣（表3-1）。从表3-1中可以看出，甘肃省没有国家级生态市（县、区）。作为省会城市的兰州市，在西北发展中以其重要的地理区位及重工业城市的污染倾向，理所当然地应在生态城市建设中起带头作用。

表3-1 国家级生态示范区名单（第一批～第六批，共计389个）

地区	第一批命名（33个）	第二批命名（49个）	第三批命名（84个）	第四批命名（67个）	第五批命名（87个）	第六批命名（69个）
北京市	延庆县	平谷县	密云县	朝阳区	海淀区、大兴区	门头沟区、怀柔区
天津市		蓟县	宝坻区		大港区、西青区、武清区	宁河县、汉沽区
河北省		围场县	平泉县、怀来县、迁安市、阜城县		遵化市、迁西县、唐海县、涿州市、平山县、邢台县、隆化县、巨鹿县	文安县、蔚县、涿鹿县、秦皇岛市北戴河区、灵寿县、正定县
山西省		壶关县	侯马市、晋中市榆次区、安泽县、武乡县、五寨县、清徐县	右玉县	芮城县、沁水县、陵川县	沁源县、左云县、朔州市平鲁区
内蒙古自治区	敖汉旗	科左中旗	呼伦贝尔市、奈曼旗	阿鲁科尔沁旗、杭锦后旗	扎鲁特旗、阿尔山市	宁城县、突泉县

续表

地区	第一批命名（33个）	第二批命名（49个）	第三批命名（84个）	第四批命名（67个）	第五批命名（87个）	第六批命名（69个）
辽宁省	盘锦市、盘山县、新宾县、沈阳市苏家屯区、大连金州区		海城市、沈阳市东陵区、大连市旅顺口区、建平县、宽甸满族自治县、清原满族自治县	抚顺县、桓仁县、丹东市振安区、大洼县、康平县	沈阳市沈北新区、于洪区，辽中县，法库县，长海县北镇市	
吉林省	东辽县、和龙市		集安市、长春市双阳区、长春市净月潭开发区、天桥岭林业局	安图县	德惠市	九台市、农安县、榆树市
黑龙江省	拜泉县、虎林市、庆安县、省农垦总局291农场	穆棱市、延寿县、同江县、饶河县、宝泉岭分局	省农垦总局红兴隆分局、省农垦总局建三江分局、省农垦总局牡丹江分局、省农垦总局绥化分局、嘉荫县、克山县		省农垦总局齐齐哈尔分局、北安分局、九三分局，哈尔滨市松北区，五常市、铁力市，萝北县，宝清县，依兰县	大兴安岭地区、哈尔滨市阿城区、北安市、桦南县、集贤县、绥滨县
上海市		崇明县				
江苏省	扬中市、大丰市、姜堰市、江都市、宝应县	溧阳市、兴化市、邳州市、高淳县、丰县、仪征市、高淳县、盱眙县、泗洪县	常熟市、张家港市、昆山市、苏州市吴中区、太仓市、吴江市、海门市、扬州市邗江区、句容市、溧水县、如东县、如皋市、睢宁县、盐城市盐都区、滨海县、金湖县	扬州市，南京市江宁区、浦口区，江阴市，启东市，通州市，海安县，泰兴市，靖江市，金坛市，东台市，射阳县，阜宁县，建湖县，响水县，沭阳县，洪泽县，沛县	南京市六合区、宜兴市、常州市武进区、东海县、赣榆县、涟水县、盐城市亭湖区、镇江市丹徒区、宿迁市宿豫区、泗阳县	灌南县、灌云县、淮安市楚州区、淮安市淮阴区、丹阳市

续表

地区	第一批命名（33个）	第二批命名（49个）	第三批命名（84个）	第四批命名（67个）	第五批命名（87个）	第六批命名（69个）
浙江省	绍兴县、临安市、磐安县	开化县、泰顺县、安吉县	丽水市、宁海县、象山县、德清县、海宁市、桐乡市、平湖市、淳安县	江山市、常山县、建德市、嘉善县、海盐县、温岭市、文成县	衢州市，衢州市柯城区、衢江区，龙游县，宁波市镇海区，嵊泗县，桐庐县，天台县，洞头县	舟山市、舟山市定海区、舟山市普陀区、岱山县
安徽省	砀山县、池州地区	黄山区、马鞍山市南山铁矿、金寨县、涡阳县	霍山县、岳西县、绩溪县		临泉县、舒城县	祁门县、休宁县
福建省		建阳市、建宁县、华安县	长泰县		柘荣县、泰宁县	东山县、明溪县
江西省	共青城	信丰县、东乡县、宁都县	武宁县	资溪县	安义县	南丰县
山东省	五莲县	桓台县、莘县、枣庄市峄城区、栖霞市、寿光市	章丘市、青州市、鄄城县、胶南市、胶州市、青岛市城阳区	东营市、日照市、青岛市崂山区黄岛区、即墨市、平度市、莱西市、临朐县	威海市、平阴县、聊城市东昌府区、东阿县	
河南省	内乡县	淇县、内黄县	新县、固始县、罗山县、商城县、泌阳县	信阳市，信阳市浉河区、平桥区，潢川县，光山县，息县，淮滨县，桐柏县，伊川县，栾川县	嵩县、鲁山县	西峡县、孟州市、修武县、鄢陵县、范县、南乐县、濮阳市华龙区、郑州市惠济区
湖北省	当阳市、钟祥市	老河口市	十堰市、武汉市东西湖区、远安县		鄂州市	

续表

地区	第一批命名（33个）	第二批命名（49个）	第三批命名（84个）	第四批命名（67个）	第五批命名（87个）	第六批命名（69个）
湖南省	江永县	浏阳市	望城县、长沙市岳麓区、长沙县、石门县	长沙市天心区、雨花区、开福区，芙蓉区，祁阳县，桃源县	宁乡县、平江县	新宁县、绥宁县
广东省	珠海市		中山市、南澳县	深圳市龙岗区、始兴县		
广西壮族自治区		恭城瑶族自治县、龙胜各族自治县	环江毛南族自治县		阳朔县、兴安县、灵川县、资源县、武鸣县、马山县、隆安县、上林县	北海市、合浦县、临桂县、荔浦县、平乐县、昭平县、大新县、崇左市江州区、横县、宾阳县、蒙山县
海南省	三亚市					
四川省		温江县、郫县、都江堰市	蒲江县		雅安市、邛崃市、大邑县、崇州市、苍溪县、彭山县、九寨沟县	珙县、金堂县、丹棱县、洪雅县
重庆市			大足县			
陕西省				延安市宝塔区、杨凌农业高新技术产业示范区		太白县、礼泉县、宜君县、宁陕县
贵州省		赤水市		荔波县、湄潭县	余庆县、凤冈县	绥阳县
云南省		通海县	西双版纳傣族自治州		玉溪市红塔区	澄江县

续表

地区	第一批命名（33个）	第二批命名（49个）	第三批命名（84个）	第四批命名（67个）	第五批命名（87个）	第六批命名（69个）
宁夏回族自治区	广夏征沙渠种植基地					
新疆维吾尔自治区	乌鲁木齐市沙依巴克区		乌鲁木齐市水磨沟区		哈密市	

在对生态城市可持续发展特点进行深入研究基础上，参照国家环境保护总局颁布的生态市建设试行指标体系和目前国内外评价生态城市建设的指标构成，构建了生态城市评价指标体系，具体分为三个层次，即目标层、准则层和指标层。目标层是城市在建设生态城市过程中在经济、社会和环境三个领域的综合表现。准则层是指子系统对综合评价指标的各个方面的影响，具体包括经济发展、社会进步和环境保护三个指标。指标层是准则层下经过计算处理的基础性指标。生态城市评价指标体系具体详见表3-2。

表 3-2　生态城市评价指标体系

目标层	准则层	指标层	单位
生态城市综合评价指数（A）	社会进步指数（B_1）	人口密度（B_{11}）	人/km^2
		每百人图书馆藏书（B_{12}）	册
		每万人在校大学生（B_{13}）	人
		食品支出（B_{14}）	元
		人均生活用电（B_{15}）	kW·h
	环境保护指数（B_2）	工业废水排放量（B_{21}）	万 t
		工业二氧化硫排放量（B_{22}）	t
		工业烟尘排放量（B_{23}）	t
		人均绿地面积（B_{24}）	m^2
		建成区绿化覆盖率（B_{25}）	%
		城镇生活污水处理率（B_{26}）	%
		生活垃圾无害化处理率（B_{27}）	%

续表

目标层	准则层	指标层	单位
生态城市综合评价指数（A）	经济发展指数（B_3）	地区生产总值（B_{31}）	万元
		人均地区生产总值（B_{32}）	元
		第三产业产值占 GDP 比重（B_{33}）	%
		房地产开发投资完成额占全社会固定资产投资总额比重（B_{34}）	%

主要评价指标的解释如下：①社会进步指数从人口、物质文化生活、社会基础设施三个方面设立指标体系。为体现生态城市建设中人口结构情况，将人口密度指标纳入指标体系；为体现人们物质文化生活水平的变化，将每百人图书馆藏书、每万人在校大学生与食品支出指标纳入指标体系；为体现社会基础设施情况，将人均生活用电指标纳入指标体系。②生态环境指数从绿化水平、环境质量和污染治理三个方面设立指标体系。植物对二氧化碳拥有强大的吸附作用，一个地区的绿化越好，它的固碳能力越强，因此为体现绿化水平，将人均绿地面积与建成区绿化覆盖率指标纳入指标体系；为体现环境质量，将工业二氧化硫排放量、工业废水排放量与工业烟尘排放量指标纳入指标体系；为体现国家对污染的治理程度，将城镇生活污水处理率与生活垃圾无害化处理率指标纳入指标体系，以此来表征政府的环境管理水平。③经济发展指数主要考察生态城市的经济发展程度。为体现经济发展水平，将地区生产总值与人均地区生产总值指标纳入指标体系；为体现经济结构，将第三产业增加值占 GDP 比重指标纳入指标体系；为体现经济发展可持续性，将房地产开发投资完成额占全社会固定资产投资总额比重指标纳入指标体系。

第 4 章　生态城市建设综合评价实证研究及应用

4.1　因 子 分 析

因子分析的基本思想是从所研究的众多反映同种信息的层叠指标中提取出少数几个能表示原来数据的绝大部分信息的公共因子，以简化数据，方便研究。因子分析的核心是用较少的互相独立的因子反映原有变量的绝大部分信息。可以将这一思想用数学模型来表示。设有 p 个原有变量 x_1，x_2，x_3，…，x_p，且每个变量（或经标准化处理后）的均值为 0，标准差为 1。现将每个原有变量用 k（$k<P$）个因子 f_1，f_2，f_3，…，f_k 的线性组合来表示，则有

$$
\begin{cases}
x_1 = a_{11}f_1 + a_{12}f_2 + a_{13}f_3 + \cdots + a_{1k}f_k + \varepsilon_1 \\
x_2 = a_{21}f_1 + a_{22}f_2 + a_{23}f_3 + \cdots + a_{2k}f_k + \varepsilon_2 \\
x_3 = a_{31}f_1 + a_{32}f_2 + a_{33}f_3 + \cdots + a_{3k}f_k + \varepsilon_3 \\
\cdots \\
x_p = a_{p1}f_1 + a_{p2}f_2 + a_{p3}f_3 + \cdots + a_{pk}f_k + \varepsilon_p
\end{cases}
$$

这便是因子分析的数学模型，也可用矩阵的形式表示为

$$
\boldsymbol{X} = \boldsymbol{A}F + \varepsilon
$$

式中，F 称为因子，它们出现在每个原有变量的线性表达式中，因此又称为公共因子。因子可理解为高维空间中互相垂直的 k 个坐标轴；$\boldsymbol{A}$ 称为因子载荷矩阵，a_{ij}（i=1，2，…，p；j=1，2，…，k）称为因子载荷，是第 i 个原有变量在第 j 个因子上的负荷。如果把变量 x_i 看成 k 维因子空间中的一个向量，则 a_{ij} 表示 x_i 在坐标轴 f_j 上的投影，相当于多元线性回归模型中的标准化

回归系数；ε称为特殊因子，表示原有变量不能被因子解释的部分，其均值为 0，相当于多元线性回归模型中的残差。

4.1.1 数据搜集与处理

对所有城市进行生态城市建设的评价与比较时，不仅搜集数据资料十分困难，统计分析工作量巨大，而且把不同规模和等级的城市放在一起比较分析的意义也不是很大。因此本书针对我国 27 个省会城市、4 个直辖市及生态城市建设较好的青岛市和深圳市共 33 个区域中心城市的生态城市建设进行分析研究。本书的研究评价指标的基础数据主要来源于 2006～2009 年的《中国城市统计年鉴》、《中国城市（镇）生活与价格年鉴》及《中国区域经济统计年鉴》，根据这些基础数据计算得到评价指标数据。上述综合评价体系所包含的某些指标具有量纲，如果直接建立综合评价模型，指标的量纲必然影响最终结果的可信性。为此，为消除所有指标的量纲，本书对各评价指标的原始数据进行了无量纲标准化处理，将每一个指标的取值都限制在闭区间[0,1]上。

4.1.2 评价过程与模型构建

依据主成分分析法，利用 SPSS 16.0 统计软件对 33 个样本城市的生态城市建设数据进行主成分分析，并根据其输出结果建立综合分析与评价模型。

用主成分法提取公因子，具体如表 4-1 所示。

表 4-1　旋转后的因子载荷矩阵

指标	因子		
	1	2	3
人均地区生产总值/元	0.898	0.029	-0.007
食品支出/元	0.856	0.046	-0.037

续表

指标	因子		
	1	2	3
地区生产总值/万元	0.801	0.406	-0.208
人均生活用电/kW·h	0.731	-0.236	0.023
每百人图书馆藏书/册	0.695	-0.115	0.011
人口密度人/km^2	0.659	0.375	0.011
人均绿地面积/m^2	0.623	-0.255	-0.057
城镇生活污水处理率/%	0.472	0.108	0.319
工业二氧化硫排放量/t	0.014	0.893	-0.145
工业废水排放量/万 t	0.211	0.818	-0.017
工业烟尘排放量/t	-0.310	0.752	0.010
每万人在校大学生/人	-0.169	-0.177	0.663
第三产业增加值占 GDP 比重/%	0.184	-0.312	-0.657
生活垃圾无害化处理率/%	0.200	-0.199	0.637
建成区绿化覆盖率/%	0.324	-0.059	0.541
房地产开发投资完成额占全社会固定资产投资总额比重/%	0.335	-0.032	-0.409

从表 4-1 中可以看出：①因子 1 中，人均地区生产总值、食品支出、地区生产总值、人均生活用电、每百人图书馆藏书、人口密度、人均绿地面积、城镇生活污水处理率这八项指标占有重要地位，可以归纳总结为社会进步因子。②因子 2 中，工业二氧化硫排放量、工业废水排放量和工业烟尘排放量这三项指标所占比重较大，可以归纳总结为环境保护因子。③因子 3 中，每万人在校大学生、第三产业增加值占 GDP 比重、生活垃圾无害化处理率、建成区绿化覆盖率、房地产开发投资完成额占全社会固定资产投资总额比重这五项指标所占比重较大，可以归纳总结为经济发展因子。

方差分析结果显示前三个主成分的累计方差贡献率为 57.912%，显然这三个主成分能够解释大部分的评价指标，因此可以将其当作评价生态城市建设的主成分。三个主成分的方差贡献率分别为29.383%、16.609%和11.920%，即为综合评价模型中各主成分的权重。在主成分载荷分析基础上，根据各主成分的方差贡献率，以及各主成分在主要评价指标上的载荷系数，可以确定各个主成分和评价指标的权重值，最终可以构造如下生态城市建设的综合评价模型：

$$F_j = \frac{\sum_{i=1}^{3} w_i F_{ij}}{\sum_{i=1}^{3} w_i} = \frac{w_1 F_{1j} + w_2 F_{2j} + w_3 F_{3j}}{w_1 + w_2 + w_3} = \frac{29.383F_{1j} + 16.609F_{2j} + 11.920F_{3j}}{57.912}$$

式中，F_j（j=1，2，3，…，33）为第j个样本城市综合实力的综合得分；w_i（i=1，2，3）为第i个主成分所对应的权重系数，取各主成分的方差贡献率；F_{ij}（即$F_{1j}-F_{3j}$）为第j个样本城市在第i个主成分上的得分。

4.2　生态城市建设综合评价模型的应用

4.2.1　我国33个区域中心城市纵向综合评价比较

利用统计学软件SPSS 16.0分别对33个区域中心城市的生态城市建设的指标数据进行因子分析，获得各子系统及综合总得分（附图1～附图4）。由附图1～附图4的各子系统总得分情况，进行纵向综合评价比较可得出：

（1）综合评价：随着时间的推移，33个区域中心城市的生态城市建设水平在逐步提高，且建设水平趋于稳定。

（2）社会进步方面：随着时间的推移，33个区域中心城市社会发展在前进，且进步幅度较大。

（3）环境保护方面：随着时间的推移，33个区域中心城市中大多数环境保护有所改善，但改善程度不明显，也有个别地区环境在恶化，保护力度不足。

（4）经济发展方面：随着时间的推移，33个区域中心城市经济得到了较好发展，且发展差距进一步增大。

4.2.2 我国33个区域中心城市横向综合评价比较

首先，把中国分成以下几个地区：

华北地区：北京市、天津市、河北省、山西省、内蒙古自治区。

东北地区：辽宁省、吉林省、黑龙江省。

华东地区：上海市、江苏省、浙江省、安徽省、福建省、江西省、山东省。

中南地区：河南省、湖北省、湖南省、广东省、海南省、广西壮族自治区。

西南地区：重庆市、四川省、贵州省、云南省、西藏自治区。

西北地区：陕西省、甘肃省、青海省、宁夏回族自治区、新疆维吾尔自治区。

香港特别行政区、澳门特别行政区、台湾地区。

由于数据获取原因，暂不研究香港特别行政区、澳门特别行政区、台湾地区。

然后，把33个区域中心城市分别归于各自所属区域进行研究，由附图1～附图4的各子系统总得分情况，进行横向综合评价比较可得出：

（1）2005年，生态城市建设水平较高的地区为华东地区，其次是中南地区的个别省区，水平较低的地区为华北地区、东北地区、西南地区及西北地区。社会进步方面：相比而言，华东地区社会进步稍大，其次是中南地区的个别省份；华北地区、东北地区、西南地区及西北地区处于落后状态。环境保护方面：大多数地区环境保护有待加强，比较而言，除了华东地区稍好外，中南地区个别省区、西南地区个别省份及华北地区个别省份次之，东北地区与西北地区的环境保护有待进一步加强。经济发展方面：除了华东地区与中南地区发展稍好外，西南地区个别省份与华北地区个别省区次之，东北地区与西北地区急需加快发展步伐。

（2）2006年，生态城市建设水平较高的地区为华东地区，其次是中南地区，水平较低的地区为华北地区、东北地区、西南地区及西北地区。社会进步方面：华东地区发展势头较好，华北地区、中南地区、东北地区、西南地区及西北地区处于落后状态。环境保护方面：大多数地区环境保护有待加强，比较而言，除了华东地区稍好外，华北地区次之；中南地区、东北地区、西南地区及西北地区的环境保护有待进一步加强。经济发展方面：除了华东地区与中南地区发展稍好外，华北地区、西南地区、东北地区及西北地区需加快发展步伐。

（3）2007年，生态城市建设水平较高的地区为华东地区与中南地区，水平较低的地区为华北地区、东北地区、西南地区及西北地区。社会进步方面：整体有较大进步，比较而言，东北地区、西南地区及西北地区处于落后状态。环境保护方面：大多数地区环境保护有待加强，比较而言，除了华东地区稍好外，华北地区、中南地区、东北地区、西南地区及西北地区的环境保护有待进一步加强。经济发展方面：发展势头保持稳定，除了华东地区与中南地区发展稍好外，华北地区、西南地区、东北地区及西北地区需加快发展步伐。

（4）2008年，生态城市建设水平较高的地区为华北地区、华东地区及中南地区，生态城市建设水平较低的地区为东北地区、西南地区及西北地区。社会进步方面：整体有较大进步，但和其他地区比较，西北地区处于落后状态。环境保护方面：大多数地区环境保护有所加强，比较而言，华北地区、华东地区、西南地区及西北地区的环境保护有待进一步加强。经济发展方面：整体有较大发展，但西北地区仍需加快发展步伐，以减少与其他地区的差距。

总而言之，各方面都发展较强的地区是华东地区、中南地区及华北地区，发展较弱的地区是东北地区、西南地区及西北地区。

第5章　兰州市生态城市建设差距分析

5.1　西北地区生态城市建设落后原因分析

西北地区生态城市建设比较落后，既有历史、社会、自然条件等方面的原因，也有宏观经济政策和经济结构等方面的原因。从系统分析的角度看，生态城市建设差距扩大是多种因素综合作用的结果。

5.1.1　自然环境及历史文化原因

从自然条件看，西北地区占据中国 1/6 以上的土地面积，其中，绝大部分地区属于荒山、沙漠、戈壁和雪域高原，干旱少雨的环境是其发展最大的阻碍，灌溉时也只是依靠黄河或者祁连山的雪水来满足农作物的生长。近 5000 年来，中国的气候总的来看是日趋干旱，这在西北地区表现尤为突出。明清时期中纬度的黄河流域普遍干冷。在西北地区，干旱与沙化趋势特别明显，水资源尤为缺乏，对农业经济和工业经济的影响很大，特别是对传统农牧业的经济影响明显。汉代丝绸之路的繁荣和唐代陇右道的兴盛，与当时气候相对湿润且河流水量充沛有关。当这些条件日趋恶化时，丝绸之路就衰落了。在历朝历代的开发中违背自然规律、过度开垦使得土地、水、林草资源遭到严重破坏，自然环境逐渐恶化。其主要表现如下：一是自然界涵养水源的能力下降，水资源严重匮乏。西北地区曾是一个水草丰美的地区，但近代以来，干旱却成为开发西北地区的大敌，古代开发使天然水体遭到破坏，而人工水利工程也年久失修，加之战乱不断，使本已破烂不堪的水利设施更难维护，严重制约了开发的地域。二是土地的利用价值弱化。由于水资源的匮乏，土地沙化、盐渍化严重，加大了土地开发利用的难度。自然生态环境的恶化导致风灾、旱灾等自然灾害不断，而自然灾害的频发，使本已不堪重负的农民过垦、过牧，形成了恶性循环，严重影响了开发的深度和广度。

内陆区位与海洋区位对社会经济发展的影响是明显的。沿海开放的区位优势和先发效应区位条件的不同与区域经济的发展直接相关。我国东南沿海地区处于太平洋西岸的中心位置，沿海各主要城市均与世界经济有广泛联系，整个地区交通便利，气候温和，水源丰富，城市化水平高，基础设施完备，这为吸引外资提供了十分有利的条件。而中西部地区却处于相对封闭或半封闭地带，地形地貌复杂，交通不便，气候条件恶劣，远离亚太地区经济发展中心。因此，虽然拥有较为丰富的资源，但难以引进外资，形不成生产力。经济发展到一定程度，沿海经济便在交通、资源等方面享有得天独厚的优势。唐宋以来的西部社会经济衰落和东部社会经济的大发展，正是体现了这一种趋势。西部地区地貌复杂多山，在农业社会里，交通闭塞、信息不畅、土地资源不足，久而久之便造成了社会经济落后的局面。

中西部地区的黄河中上游，是中华民族的重要发祥地。但是由于历史的原因，中国经济社会的重心逐渐南移。但沿海地带经济发展、内陆相对衰落这种宏观地域结构的变化，则主要是西方殖民主义者入侵的结果。1840 年鸦片战争后，外国资本与商品首先进入中国东南沿海地带。与此相反的是，由于封建统治、自然灾害及战乱的影响，许多中西部的城市却相应地衰落或停滞不前。

5.1.2 政策倾斜及产业结构原因

为了抓住机遇，加快发展速度，在效率优先原则的指导下，国家对区域发展采取了“让一部分地区先富起来”的非均衡发展战略，对东部地区给予了一系列倾斜发展的优惠政策，短短十多年的时间，就建起了5个经济特区，开放了14个沿海城市和一大批沿江、沿边中心城市。同时还在财政、税收、金融、贸易、引进外资、人事制度等方面给予诸多优惠政策，使这些地区在全国逐步削弱计划控制的改革中，先期获得较大的发展空间，客观上对东西部地区经济发展差距的扩大起到一定的推动作用。

产业结构的差异，以及由产业结构差异所导致的效益差异，是造成东西部地区发展差距的另一重要原因。中国的工业区域布局具有“南轻北重、东轻西重”的基本特征。东部地区以轻型或轻重混合型产业为主，西部地区则主要以重型产业为主。产业结构差异往往会导致地区间经济产出水平的巨大差距。据专家研究结果，改革开放以来，我国经济发展水平较高的省区市大多为轻型或混合型的工业结构类型。

5.1.3　人口素质及科技力量原因

目前，西北地区教育水平低，人均受教育年限远低于全国平均水平，人口综合素质普遍不高。人口素质较低，导致在宣传建设生态城市方面意识不强，接受能力也弱。同时，由于甘肃省属经济欠发达地区，经济发展水平低，在低水平的食物安全状态和消费水平下，地方政府不得不比其他地区更重视经济增长的速度，而非质量。人们单纯追求经济利益，对保护环境的重要性认识不足，常常采取消极应付的态度，将满足环保法规的要求作为企业环保工作的唯一目标，只有三废排放不达标，才被当作环境问题，生态城市建设的意识更是淡薄。

原来西北地区的人才资源比较丰富，科技力量较强，但由于贫困，人们的收入待遇低，工作和生活条件艰苦，优秀人才引不进、留不住，人才资源流失严重，科技力量薄弱。低素质人口和力量薄弱的科技队伍，是当前制约西北地区经济发展和财政收入增长的一个非常重要的因素。

5.2 兰州市生态城市建设与其他城市的差距分析

为进一步明确兰州市生态城市建设与其他城市的差距所在，本书根据“三位一体”生态城市系统模型，分别以2005～2009年各因子得分及数据，对兰州市生态城市建设中存在的问题进行分析，并识别其建设重点。

5.2.1 社会进步差距分析

从附图5中可以看出：在西北地区的五个省会城市中，2005～2008年兰州市的社会进步因子得分均排在第四名。同时，与排在第一名的西安市差距越来越大，与排在第五名的西宁市差距却越来越小。

从附图6中可以看出：2005年，西北地区五个省会城市中，兰州市的人均地区生产总值、人口密度及城镇生活污水处理率排在第三位，略占优势；地区生产总值、每百人图书馆藏书及人均绿地面积排在第二位，占有相对优势。

从附图7中可以看出：2006年，西北地区五省会城市中，兰州市的地区生产总值及人口密度排在第三位，略占优势；每百人图书馆藏书及人均绿地面积排在第二位，占有相对优势。

从附图8中可以看出：2007年，西北地区五省会城市中，兰州市的人均地区生产总值及地区生产总值排在第三位，略占优势；每百人图书馆藏书排在第二位，占有相对优势。

从附图9中可以看出：2008年，西北地区五个省会城市中，兰州市的每百人图书馆藏书及城镇生活污水处理率排在第二位，占有相对优势。

总而言之，兰州市在生态城市建设中社会进步因子方面的优势指标包括人均地区生产总值、地区生产总值、每百人图书馆藏书、人口密度、人均绿地面积及城镇生活污水处理率。由于每百人图书馆藏书及城镇生活污水处理率的优势稳定性，现阶段兰州市生态城市建设急需强化的优势指标包括人均地区生产总值、地区生产总值、人口密度及人均绿地面积。

5.2.2 环境保护差距分析

从附图10中可以看出：在西北地区的五个省会城市中，2005年和2006年兰州市的环境保护因子得分均排在第三名，2007年和2008年则均排在第四名。排名没有前进反而退后，且呈稳定的持续落后之势。

从附图11中可以看出：2005年，西北地区五个省会城市中，兰州市的工业二氧化硫排放量和工业烟尘排放量排在第四位，工业废水排放量排在第三位。

从附图12中可以看出：2006年，西北地区五个省会城市中，兰州市的工业二氧化硫排放量和工业烟尘排放量排在第四位，工业废水排放量排在第三位。

从附图13中可以看出：2007年，西北地区五个省会城市中，兰州市的工业二氧化硫排放量和工业烟尘排放量排在第四位，工业废水排放量排在第五位。

从附图14中可以看出：2008年，西北地区五个省会城市中，兰州市的工业二氧化硫排放量排在第三位，工业废水排放量排在第五位，工业烟尘排放量排在第四位。

总而言之，兰州市的工业二氧化硫排放量相比西北地区其他省会城市有增多趋势，需要加大治理力度；工业废水排放量相比西北地区其他省会城市有减少趋势，需要继续努力以巩固治理成果；工业烟尘排放量相比西北地区其他省会城市有稳定趋势，需要继续加大治理力度。

5.2.3 经济发展差距分析

从附图15中可以看出:在西北地区的五个省会城市中,2005年、2006年和2007年的排在第四名,2008年兰州市的经济发展因子得分排在第五名。由此可以看出:经济发展呈落后之势。

从附图16中可以看出:2005年,西北地区五个省会城市中,兰州市的每万人在校大学生排在第二位,第三产业增加值占GDP比重排在第三位,生活垃圾无害化处理率方面排在第五位,建成区绿化覆盖率排在第一位,房地产开发投资完成额占全社会固定资产投资总额比重排在第四位。

从附图17中可以看出:2006年,西北地区五个省会城市中,兰州市的每万人在校大学生排在第二位,第三产业增加值占GDP比重排在第三位,生活垃圾无害化处理率排在第五位,建成区绿化覆盖率排在第二位,房地产开发投资完成额占全社会固定资产投资总额比重排在第五位。

从附图18中可以看出:2007年,西北地区五个省会城市中,兰州市的每万人在校大学生排在第二位,第三产业增加值占GDP比重排在第三位,生活垃圾无害化处理率排在第五位,建成区绿化覆盖率及房地产开发投资完成额占全社会固定资产投资总额比重排在第四位。

从附图19中可以看出:2008年,西北地区五个省会城市中,兰州市的每万人在校大学生排在第二位,第三产业增加值占GDP比重排在第三位,生活垃圾无害化处理率及建成区绿化覆盖率排在第五位,房地产开发投资完成额占全社会固定资产投资总额比重排在第四位。

总而言之,兰州市的每万人在校大学生排名稳定在第二位,第三产业增加值占GDP比重排名稳定在第三位,生活垃圾无害化处理率排名稳定落后在第五位,房地产开发投资完成额占全社会固定资产投资总额比重排名仅在2006年落后到第五名,其余年份则稳定排在第四位。尤其要注意的是：建成区绿化覆盖率的排名由2005年的第一名落后到2008年的第五名，值得反思。

从本章的分析中可以得出：兰州市若想建设好生态城市，必须大力发扬自身的优势，努力弥补自身的劣势。需强化的优势指标包括人均地区生产总值、地区生产总值、人口密度及人均绿地面积。需努力弥补曾为优势、现为劣势的指标，即建成区绿化覆盖率。最需要加大力度治理的指标包括工业二氧化硫排放量及工业烟尘排放量。这就需要我们在协调好社会、环境及经济的关系中寻找突破口，生态经济无疑是最优化的可持续发展之路。

第6章　兰州市生态城市建设构想

6.1　兰州市生态经济发展分析

6.1.1　兰州市概况

兰州市位于中国陆域版图的几何中心，市区南北群山环抱，东西黄河穿城而过，具有带状盆地城市的特征，地处黄河上游，位于东经102°30′～104°30′，北纬35°51′～38°，属中温带大陆性气候，冬无严寒，夏无酷暑，年平均降水量为360mm，年平均气温为10℃，全年日照时数平均为2446h，无霜期为180d以上。兰州市是闻名全国的“瓜果城”，盛产白兰瓜、黄河蜜瓜、软儿梨、白粉桃等瓜果，百合、黑瓜子、玫瑰、水烟等土特产品蜚声中外，素有“看景下杭州、品瓜上兰州”之说。兰州市的旅游资源有着广阔的开发前景，市域内有我国保存相对完好的土司衙门——鲁土司衙门，有“天下黄河第一桥”——中山铁桥，有“陇右第一名山”——兴隆山，有国家级森林公园——吐鲁沟、石佛沟、徐家山，有“母亲河、生命河”的象征——黄河母亲雕像，还有“陇上十三陵”——明肃王墓群等。兰州市还是丝绸之路大旅游区的中心，东有天水麦积山、平凉崆峒山，西有永靖炳灵寺，南有夏河拉卜楞寺，北有敦煌莫高窟。兰州市是大西北的交通通信枢纽。陇海、兰新、兰青、包兰四大铁路干线交汇于此，兰州西货站是西北地区规模最大、技术最先进的货运站和新亚欧大陆桥上重要的集装箱转运中心。公路有六条国道在这里交汇，辐射周边地区的高速公路有四条已竣工通车。新扩建的兰州中川机场与国内30多个城市直接通航，还开通直飞新加坡、日本、中国香港等国家和地区的旅游包机航线，是目前西北地区一流的机场。黄河兰州段航运正在开发之中，现已开通近40km的市内旅游航道。兰州市的通信水平居全国先进行列，西兰乌、京呼银兰等四条数字光缆主干线以兰州为主节点，光缆、微波、卫星通信网络初步形成，电信宽带网投入运营，固定电话普及率达到每百人32.9部，移动电话用户发展到86.2万户。

作为甘肃省会城市的兰州市市区面积163km^2，人口145万人，密度为900人/km^2，是典型的河谷型城市，“两山夹一川”的地形特征十分明显，地形封闭性较强。市内工业发达，分布条块分明，主要以冶金、石油、化工、电力为主。城关区以生活区为主；七里河区以机械、铸造、毛纺为主；安宁区以教育、航空仪表、电气为主；西固区以石油、化工、电力、有色冶炼为主。兰州市特有的高原河谷盆地小气候较为发育。日照强，云量少，风速小，静风多，上热下冷，逆温层发育且厚度大，持续时间长。由于特殊的地形与气候条件，大气污染严重超标，市区大气污染，居于全国大气污染最严重的城市之列，冬季更为严重。据甘肃省绿色食品环境监测部门监测结果表明：兰州市大气污染物主要来自工业排放，2003～2007年主要污染物的日均浓度：二氧化硫为0.06～0.08mg/m^3，氮氧化物为0.06～0.08mg/m^3，总悬浮颗粒（total suspended particulate，TSP）为0.19～0.30mg/m^3，全部超标。大气污染中，春季气候干燥，降雨较少，受西北部扬沙天气和浮尘的影响，TSP严重超标。冬季煤烟型污染二氧化硫严重超标，另外，生活及其他来源的大气污染物数量也很大，兰州市黄河段水污染以生物、有机物污染为主，无机物、金属类污染次之。主要污染物为大肠菌群、石油类、挥发酚、高锰酸盐、溶解氧、非离子氨、硫酸盐、总磷、氟化物。黄河兰州段沿途排入了大量的工业、生活、医院污水，致使大肠菌群全河段污染，并在城区加重，有机类、无机类污染主要在黄河兰州段下游加重。另外，兰州地区黄河各支流都流经黄土丘陵沟壑区，给黄河带来了大量泥沙。土壤污染日趋加剧，其中部分土壤受到重金属和残留农药的严重污染，土壤中铅、氟、砷含量超过正常值，兰州铝厂附近土壤氟浓度严重超出土壤氟背景值。兰州市城郊的农作物一般都是引黄河水进行灌溉，污染水体的有害物质进入农田土壤，增加了农作物的有害成分含量。兰州市表层土壤中的重金属，如铜、锌及铅含量的平均值分别是 28.17mg/kg、120.99mg/kg 和 52.59mg/kg，都远远超过国家规定的标准值。土壤重金属含量的增大也直接导致了农作物重金属含量的增加。监测的结果表明：兰州市主要农作物的污染物含量都有不同程度的超标。例如，小麦中铜的含量为 10.10mg/kg，超出正常标准值 2.42 倍；玉米中铅的含量为 0.69mg/kg，超出正常标准值 1.52 倍；除此之外，城市中固体废弃物日益增多。工业固体废弃物主要包括冶炼废碴、粉煤灰、炉渣、尾矿、放射性废物等。2007 年，兰州市工业固体废弃物产生量为 412.41 万 t，利用率达到 81.92%；生活垃圾产生量为 108.9 万 t，其中通过卫生填埋措施处理的仅占 73%。

6.1.2 兰州市主导生态产业选择

兰州市是个河谷城市，大气容量小，根本无法容纳数量巨大的工业污染物，每年达 300 多天的逆温和高达 81.7%的静风率，更不利于工业污染物的扩散与净化。在工业结构已经形成且还在继续发挥巨大作用的情况下，兰州市建设生态城市只有选择走生态经济的道路，通过建立生态工业体系，将工业排放的污染物进行二次利用，减少污染物的排放量，才能有效改善兰州市城市环境的质量。下面，我们用层次分析法（analytic hierarchy process，AHP）对兰州市生态主导产业的选择问题做一些初步分析，以供决策者参考。

美国著名运筹学家 T. L. Saaty 于 20 世纪 70 年代初期提出的层次分析法是用标度把人的主观判断量化，对定性问题进行定量分析的一种简单而又实用的多目标决策方法。

1. 模型层次结构

（1）目标层（***A***）：选择污染少且带动兰州市经济全面发展的生态产业。

（2）准则层（***C***）包括如下三个方面：① C_1 为污染环境量小且有市场需求。② C_2 为效益准则。③ C_3 为发挥地区优势，合理利用资源。

（3）对象层（***P***）包括如下七个产业：① P_1 为商贸物流业。② P_2 为电子信息通信业。③ P_3 为生物医药工业。④ P_4 为生态旅游业。⑤ P_5 为食品加工业。⑥ P_6 为餐饮业。⑦ P_7 为生态农业。

2. 计算过程

层次分析法的计算过程如下：

（1）构造判断矩阵，进行层次单排序。根据上述模型结构，在专家咨询的基础上，构造了 ***A–C*** 判断矩阵，***C–P*** 判断矩阵，并进行了层次单排序计算，判断矩阵的元素值反映了人们对各因素相对重要程度的认识，一般采用数字 1～9 及其倒数的标度方法，判断尺度定义如表 6-1 所示。当相互比较因素的重要性能够用具体的实际意义的比值说明时，判断矩阵相应的值则可以取这个比值。

表 6-1　判断尺度定义

判断尺度	定义
1	A_i 和 A_j 同样重要
3	A_i 比 A_j 稍微重要
5	A_i 比 A_j 明显重要
7	A_i 比 A_j 强烈重要
9	A_i 比 A_j 极端重要
2，4，6，8	介于上述 2 个相邻判断尺度的中间值

注：表中 A_i 为第 i 种生态产业，A_j 为第 j 种生态产业。

对于判断矩阵，平均随机一致性指标 RI 的值如表 6-2 所示。当随机一致性比率 CR<0.10 时，认为层次单排序的结果有满意的一致性，否则需要调整判断矩阵的元素取值。

表 6-2　平均随机一致性指标

阶数	1	2	3	4	5	6	7	8	9	10	11
RI	0	0	0.58	0.90	1.12	1.24	1.32	1.41	1.45	1.49	1.52

判断矩阵及其结果分别如表 6-3～表 6-6 所示。

表 6-3　***A*-*C*** 判断矩阵

A	C_1	C_2	C_3	W_A
C_1	1	1/3	3	0.258
C_2		1	5	0.637
C_3			1	0.105

注：λ_{max}=3.037；CI=0.018；RI=0.58；CR=0.0317 < 0.10；W 为判断矩阵参数。

表 6-4　C_1-P 判断矩阵

C_1	P_1	P_2	P_3	P_4	P_5	P_6	P_7	W_2
P_1	1	3	5	2	4	7	6	0.601
P_2		1	3	1/2	2	5	4	0.095
P_3			1	1/4	1/2	3	2	0.012
P_4				1	3	6	5	0.249
P_5					1	1/2	2	0.035
P_6						1	3	0.003
P_7							1	0.005

注：λ_{max}=7.9322；CI=0.153；RI=1.32；CR=0.0317 < 0.10；W 为判断矩阵参数。

表 6-5　C_2-P 判断矩阵

C_2	P_1	P_2	P_3	P_4	P_5	P_6	P_7	W_2
P_1	1	2	3	4	5	9	6	0.591
P_2		1	2	3	4	8	5	0.248
P_3			1	2	3	8	4	0.101
P_4				1	2	7	3	0.038
P_5					1	6	2	0.015
P_6						1	1/5	0.001
P_7							1	0.006

注：λ_{max}=7.3523；CI=0.059；RI=1.32；CR=0.0439 < 0.10；W 为判断矩阵参数。

表 6-6　C_3-P 判断矩阵

C_3	P_1	P_2	P_3	P_4	P_5	P_6	P_7	W_2
P_1	1	6	8	5	2	7	8	0.625
P_2		1	4	1/2	1/5	2	3	0.015
P_3			1	1/5	1/8	1/3	1/2	0.002
P_4				1	1/4	3	4	0.038
P_5					1	6	7	0.312
P_6						1	2	0.006
P_7							1	0.002

注：λ_{max}=7.3179；CI=0.053；RI=1.32；CR=0.0402 < 0.10；W 为判断矩阵参数。

（2）层总排序，一致性检验。根据以上层次单排序的结果，经过计算，可得到对象层的层次总排序（表 6-7），为评价层次总排序的计算结果的一致性，类似于层次单排序，也需要进行一致性检验，分别计算下列指标：

$$\mathrm{CI}=\sum_{j=1}^{m}a_j\mathrm{CI}_j \qquad \mathrm{RI}=\sum_{j=1}^{m}a_j\mathrm{RI}_j \qquad \mathrm{CR}=\frac{\mathrm{CI}}{\mathrm{RI}}$$

表 6-7　对象层的层次总排序

A	C_1	C_2	C_3	$W_{总}$
	0.258	0.637	0.105	
P_1	0.601	0.591	0.625	0.5972
P_2	0.095	0.248	0.015	0.1841
P_3	0.012	0.101	0.002	0.0676
P_4	0.249	0.038	0.038	0.0924
P_5	0.035	0.015	0.312	0.0513
P_6	0.003	0.001	0.006	0.0021
P_7	0.005	0.006	0.002	0.0053

注：CI=0.083；RI=1.32；CR=0.0629 < 0.10；W 为判断矩阵参数。

3. 基本结论

综合上述计算过程，可以得出以下结论：为确保兰州市的可持续发展，兰州市生态主导产业的优先顺序应该是 P_1（商贸物流业）>P_2（电子信息通信业）>P_4（生态旅游业）>P_3（生物医药工业）>P_5（食品加工业）>P_7（生态农业）>P_6（餐饮业）

兰州市位于我国陆路版图的几何中心，是建设中的西北商贸中心，但由于观念滞后，新型业态发展不足，同时流通现代化水平低，配套服务设施不完善等主客观原因严重阻滞了兰州市的全面发展，通过上述实证研究，可以发现：

（1）优先发展商贸物流业，不仅发挥了兰州市比较优势的客观选择，同时客观发挥了中心城市的带动作用，还扩大了多种就业渠道。

（2）电子信息通信业的发展紧排在商贸物流业之后，在给商贸物流业的发展提供了可靠保证的同时，也扩大了第三产业的就业基础及人数。

（3）生态旅游业及生态农业的发展符合我国现阶段对开发西北地区的总体定位，即重点生态保护区。

（4）生物医药工业、食品加工业、餐饮业的发展充分发挥了兰州市的资源禀赋和区位优势。

6.2 兰州市生态城市建设规划

6.2.1 以可持续的科学发展观理念进行生态城市建设规划

站在国际生态城市的高度，借鉴国内外先进经验，参照国内外建设生态城市的标准和实施效果，结合兰州市实际，建立一个适合兰州市市情分阶段发展的参照标准体系，构建生态城市的整体框架。广泛征求有关专家、学者的意见和建议，就生态城市设计理念、方法、技术、构造及相关政策措施进行认真探讨，并借鉴外地可行性案例，制定生态城市建设标准，制定切实可行的生态城市建设规划，使教育、文化、科技等各项城市活动，包括水资源保护、中水回用、膜技术、太阳能利用、垃圾分类处理、在农村推广沼气等这些内容，逐步纳入生态城市建设的轨道，并在规划指导下做到有效、有序地完善和提升现行城市经济、社会、环境结构，改善城市的生态服务功能，提高城市各系统的再生和维持能力，促进城市结构、城市功能、城市管理和城市运营向生态城市全面转变，必须坚持和维护科学规划的权威性与长期性，经过民主集中程序确定的总体规划，不得随意更改。我国许多城市在编制城市规划时融入了可持续发展理念，将生态城市建设作为城市建设发展的重要内容，纷纷将生态城市建设规划纳入城市规划中。许多城市在编制生态城市建设规划中综合考虑了城市社会、经济和环境的协调发展，建立了包含环境、经济和社会三个方面较完善的生态城市规划指标体系。环境层面：突出对自然环境的保护和人工环境的营造，通过科学评估城市人口规模、用地范围、环境容量、生态环境现状，做好环境污染防治以及生物多样性保护与绿地规划。经济层面：解决好经济发展与环境保护、资源利用与循环再生、污染整治与源头控制等关键问题。社会层面：加强公众参与，建立公众参与生态城市规划的正常渠道，提高生态城市建设规划编制工作的科学性、正确性和公平性。本着统一规划、因地制宜和讲求实效的原则，制定合理的高水平的城市生态规划和城市生态实施方案。规划和实施方案一经决定，即具有法规性质。要将城市生态投入规划纳入市区两级政府的城市发展规划和年度城市发展项目；建立一套由政府牵头管理，由林业、城建、环保、交通、国土、乡镇街道等部门共同参与的城市生态领导小组，按属地管理的原则，负责城区生态规划的实施。为了严格城市生态技术管理，保证城市生态的科学性和合理性，对一些设计不科学，与城市整体生态不协调、不合时宜的生态项目不予审批。

兰州市作为一座具有悠久历史文化的城市，距今已有1400年，是黄河上游的一颗明珠，而且其因古丝绸之路而有了众多的名胜古迹和灿烂文化，成为横跨2000km，连接敦煌莫高窟、天水麦积山、永靖炳灵寺等著名景点的中心。因此兰州市作为文化中心、丝绸之路中心和我国通往中亚、西亚、中东和欧洲的重要通道，应以历史文化为基础和依托，最大限度地发挥文化和地理位置的优势，带动和提升城市文化品位，构建和谐的生态城市。应保持经济和社会持续、健康、稳定、快速发展，基础设施完善，生态环境良好，城乡协调发展，人民生活更加殷实，力争把兰州市建设成为国家向西开放的战略平台、西部区域发展的重要引擎、西北地区的科学发展示范区、历史悠久的黄河文化名城。

6.2.2 兰州市空间及道路交通结构规划

《兰州市城市总体规划（2011～2020年）》形成“双城五带多点”的城镇体系空间结构。“双城”，即主城兰州中心城区和副城兰州新区；“五带”，依托交通廊道形成五条主要城镇发展带；“多点”，五条城镇发展带上的形成各级重点城镇带动周边地区发展。为了保障兰州市的城市安全和提高节能环保的标准，推动大型产业基地（尤其是西固重化工业）跳出现有城区，在兰州新区寻找新的发展空间；中心城区通过西固重化工业置换、加快高新技术开发区和经济技术开发区增容扩区获得发展空间，实现区域中心职能的有序聚集。在市域形成双城格局，在兰白经济区形成“一主两副五带”的空间发展格局。（“一主”，兰州市区（远景包括榆中盆地），区域性综合服务中心；“两副”，兰州新区和白银市区（含刘川工业园）。兰州新区是西部地区重要的经济增长极、甘肃省实施“中心带动”战略的重要抓手，兰州市发展战略中的核心地区；白银市区（含刘川工业园）是区域性传统产业服务中心，能源和有色冶金产业基地。“五带”是兰白战略核心区向外辐射的主要轴带，引导产业和人口轴向聚集、形成区域发展的主要支撑，辐射带动周边区域发展，是实现兰白地区“中心带动”战略的主要空间载体，即兰州—西宁西向城镇发展带、兰州—定西东向城镇发展带、临夏—兰州—白银黄河城镇发展带、兰州—武威西北向城镇发展带、兰州—甘南南向城镇发展带。

依托航空港和亚欧国际通道优势区位，逐步形成对接中外的西北区域性门户；加强路网性铁路枢纽和国家公路运输枢纽建设，打造西部地区重要枢纽；构建辐射周边、服务西北地区的内部沟通组织中枢；着力加强南北向通道建设，形成“承东启西”与“沟通南北”并重的对外交通体系。

机场发展成为西北区域性门户枢纽机场，实施中川机场改扩建工程，提升飞行区标准至4E等级，最大可起降飞机为波音747全重、空中客车A340等四发远程宽体客机等，扩建航站楼和站坪。

铁路建成客运专线、城际铁路和普通干线铁路构成的多层次铁路网络。加快建设宝鸡—兰州客运专线、兰州—乌鲁木齐第二双线、兰州—张掖城际铁路、兰渝铁路、兰州—合作铁路及包兰铁路二线等干线铁路。规划新增白银—兰州新区—兰新铁路间的铁路联络线，并以此为基础新增工业支线铁路支持兰州新区发展。铁路客运站，构建“两主一辅多点”的铁路客运枢纽体系，“两主”为兰州西站与兰州站，“一辅”为榆中站（含夏官营客运站），并结合新建铁路改扩建形成市域范围内“多点”铁路客运服务。铁路货运站，构建“三主两辅一中心”铁路货运枢纽体系，以兰州北路网性编组站为兰州市货运组织的中心，以河口南集装箱中心站，兰州新区的中川货运站与榆中片区的夏官营货运站组成服务区域货物集散为主的铁路货运主枢纽，以兰州东站与西固站组成服务中心城区货物集散为主的货运枢纽。

公路规划形成“一环、一联、六射”的高速公路系统；形成“射线+联络线”等级匹配的干线公路网系统。规划“两横三纵”的市域快速路系统支撑兰州城市向新区拓展。

规划兰州城市道路分为城市干路与一般道路两个等级，形成与城市布局形态协调、道路功能层次分明的“双层网络”结构。规划形成“两横四纵”的快速路网络，规划快速路总规模达到170km；规划形成“六横十八纵”的骨架性主干路系统，总规模达520km。

6.2.3 兰州市绿地系统规划

实施城市大环境绿化，建立城市绿地系统。以市区点、线、面绿化体系为核心，实现由城到乡，由内到外，由地面到空间的绿色渗透，逐步扩大绿化面积，形成城市依托森林，森林环抱城市，城乡结合的绿化体系。只有实现城乡一体的大规模的园林绿化建设，才能有助于整个城市环境质量的改善。

根据大环境绿化的要求，结合城市总体规划的用地布局原则，今后兰州市大环境绿化的思路是：在现有的绿化系统基础上，结合兰州市的自然风貌和文化背景，充分利用山脉、河湖水系、城市道路形成由绿色斑块、纵横绿带、放射状绿带与环状绿带构成的绿地网络，将城内公园、游园、块状绿地串联起来，做到点（公园、游园及街头绿地）、线（街道、滨河绿化带）、面（分布广泛的单位附属绿地）相结合；大、中、小相结合；集中与分散相结合；重点与一般相结合。在兰州城市外围：重点抓好城市、城镇周边以人工生态林为主的城市林业建设，结合远郊区域天然植被的修复工程，绿色通道建设等生态工程，打造宜居环境；南北两山，以大型景区的开发建设为核心，以山地公园和森林公园为重点，以发展生态休闲农业和观光农业山庄经济为辅助，以建设组团间生态隔离带为基础，完善生态安全系统。在兰州城市内部：以黄河及其湿地为骨架，以布局均衡的公园绿地为重点，以防护绿地、附属绿地、其他绿地等为补充，建成网络完整，生态功能完备、景观效果突出、使用率高、可达性强的城市绿地系统。

规划建设“三带、五廊、多轴、多园”的网络化绿地系统。“三带”指沿黄河的滨河绿化带与南北两山生态绿化带；“五廊”指分隔城市组团，沟通南北两山的五条生态绿化廊道；“多轴”指沿河道和主要城市道路设置不同宽度的绿化带，形成贯穿城市组团的多条绿轴。到2020年，规划绿地面积4031.17hm^2，占城市建设总用地比例为16.12%；规划公共绿地总面积为2722.98hm^2，人均公共绿地面积9.90m^2。“多园”是以山地公园和森林公园为重点。

通过对城市功能性景观结构与自然环境景观系统的梳理，构建人工和自然有机结合的城市景观系统。在保护城市空间景观整体风貌特征的同时，实现城市山水景观特色的整体延续。塑造对人与自然尊重的城市意向，通过强化重点地区的景观特质，增强城市空间的可识别性，塑造多样化和富有活力的城市空间。突出以黄河风情线为中心的黄河文化景观长廊，加强黄河文化与城市景观的结合，塑造具有丰富文化底蕴、景观特色突出的黄河文化名城。

第 7 章　结论与展望

7.1　结　　论

7.1.1　主要结论

本书研究得出如下主要结论：

（1）在对相关理论进行总结分析的基础上，本书认为有三大理论可作为生态城市研究的理论基础，即天人合一的哲学思想、城市可持续发展理论和城市生态规划理论。

（2）本书认为生态城市是生态-经济-社会复合系统，生态城市建设的目标价值取向为：社会生态目标要达到文明，经济生态目标要达到高效，生态目标要达到和谐。在确定生态城市建设目标价值取向的基础上，从生态、经济、社会三方面选取16 项指标因子组成生态城市评价指标体系，并运用数学方法构建了生态城市评价模型。

（3）以我国 33 个区域中心城市及生态城市建设较好的青岛市、深圳市为例，从生态、经济和社会三方面分析兰州市生态城市建设差异，指出兰州市生态城市建设的优势，得出结论如下：兰州市生态城市建设总体水平在全国区域中心城市中处于落后状态，迫切需要提升生态城市建设水平，尤其在选择发展支撑生态经济主导产业方面。

（4）总结归纳出生态城市建设必须遵循科学的可持续发展原则，认为生态城市基础建设的重点内容是城市空间道路交通布局及城市绿地系统建设。

（5）提出了兰州市生态城市建设的思路：以黄河文化为标

识，以发展生态产业为重点，以人居环境优美为目的，建设具有高品位、新文化、新思想的开放型生态新城。认为兰州市生态城市的建设模式为：利用兰州市自然资源的优势，在现有山水城市的基础上，设计并构建合理的城市发展空间，充分调动一切促进兰州市经济、社会发展的力量，按照生态安全、生态卫生、生态产业、生态景观和生态文化的层面逐步深入，将兰州市建设成城乡共荣的，人与自然和谐共处的，社会、经济、自然协调发展的城市。

7.1.2　创新之处

本书研究的创新之处如下：

（1）本书的研究对象——生态城市为近年来城建领域探讨的热点课题，其建设是城市可持续发展的重要模式，研究生态城市的评价及建设具有重要的理论价值和现实指导意义。特别是本书中的实证研究，选取地处西北内陆、生态基础差、城市用地受山地河流限制的兰州市作为实证研究对象，对其进行生态城市评价及基础建设研究，具有典型性，可为西北地区省会城市的生态城市建设提供借鉴。

（2）本书的研究方法采用定性分析与定量计算相结合，在定性分析的基础上，应用数学方法，进行定量计算和纵深研究，使研究结果趋于科学、合理，具有更强的说服力。

（3）本书在研究内容上通过对生态城市建设的目标价值取向与生态城市系统构成的研究，同时在分析了前人研究成果的基础上，从生态、经济、社会三方面构建了较完整的生态城市评价体系。

7.1.3　不足之处

建设生态城市是一项巨大的系统工程，需要几代人从理论和实践上不断进行探索，本书仅对其相关的部分问题做了一些探讨，最后结合兰州市实际情况做出实证研究。通篇来看，文章内容较为浅显，论述不够深入，这是本书的不足之处之一。而且对于生态城市具体规划建设未进行论述，欠缺实践指导意义。另外在本书的实证部分对兰州市生态城市评价及其建设的研究，尤其是对兰州市生态城市基础建设的研究不够深入，这也是本书的不足之处。

7.2 展　　望

由于时间和本人水平的限制，本书对于生态城市的研究内容较浅，且尚有许多内容未曾涉及，基于本书内容，提出将来需要进一步研究的问题：

第一，进一步探讨生态城市建设的内容，完善生态城市建设的基础理论。

第二，开展生态城市建设的方法研究，为生态城市建设提供生态规划和生态城市建设的方法论指导。

第三，进一步完善本书提出的评价指标体系，使其能较为合理地反映生态城市的建设水平，准确监测城市生态系统的发展趋势及速度，为决策者和管理者提供准确信息。

第四，加强实证研究，在生态城市建设中注重因地制宜，强调地方特色与个性的发挥与展现。

生态城市评价及其建设研究是一个复杂的系统工程，涉及的内容相当广泛，每一方面都是一个需努力研究的课题，本书仅在此进行了初步探讨，在今后的工作与学习中，将会继续深入研究。

参考文献

柴锡贤，1994. 略论生态城市规划 [J]. 上海建设科技，(4)：11-12，31.

狄旸，2007. 城市化水平的因子分析及评价——以江西省 11 个地级市为例[J]. 市场论坛，(5)：10-12.

丁键，1995. 关于生态型城市理论思考 [J]. 城市经济研究，(10)：162-166.

冯国瑞，1991. 系统论、信息论、控制论与马克思主义认识论 [M]. 北京：北京大学出版社.

傅崇兰，陈光庭，董黎明，等，2003. 中国城市发展问题报告 [M]. 北京：中国社会科学出版社.

海热提·涂尔逊，2005. 城市生态环境规划——理论、方法与实践 [J]. 北京：化学工业出版社.

海热提·涂尔逊，王华东，王立红等，1997. 城市可持续发展的综合评价 [J]. 中国人口·资源与环境，7 (2)：46-50.

胡俊，1995. 中国城市：模式与演进 [M]. 北京：中国建筑工业出版社.

黄光宇，陈勇，1997. 生态城市概念及其规划设计方法研究 [J]. 城市规划，(6)：17-20.

江小军，1997. 生态城市——廿一世纪城市发展的基本模式 [J]. 现代城市研究，(1)：32-37.

鞠美庭，孟庆堂，汲奕君等，2003. 做好生态规划是实现西部开发战略目标的基础和保证 [J]. 环境保护，(1)：27-28.

蓝盛芳，1992. 生态经济系统能值分析 [A] //刘建国. 当代生态学博论[M]. 北京：中国科技出版社.

蓝盛芳，俞新华，1993. 能量与能值 [A] //王祖望. 能量生态学——理论、方法与实践 [M]. 长春：吉林科学技术出版社.

李英禹，毕波，于振伟，2003. 国内外生态省建设理论和实践研究综述 [J]. 中国林业企业，(6)：5-7.

李哲，曾坚，2003. 生态城市辨析及其本体论含义 [J]. 建筑师，(4)：17-19.

梁鹤年，1999. 城市理想与理想城市 [J]. 城市规划，23 (7)：18-21.

刘培桐，薛纪渝，王华东，1995. 环境学概论 [M]. 2 版. 北京：高等教育出版社.

马光，胡仁禄，2003. 城市生态工程学 [M]，北京：化学工业出版社.

马世骏，王如松，1984. 社会-经济-自然复合生态系统 [J]. 生态学报，4 (4)：1-9.

毛锋，马强，邹积颖，等，2002. 城市生态环境规划的原理与模拟探析 [J]. 北京大学学报（自然科学版），38（4）：563-571.
皮尔斯，1996. 绿色经济的蓝图——衡量可持续发展［J］. 李巍，曹利军，王淑华，等译. 北京：北京师范大学出版社.
任学昌，2002. 兰州城市生态系统研究［D］. 成都：西南交通大学.
瑞吉斯特，2002. 生态城市——建设与自然平衡的人居环境［M］. 王如松，胡聃译. 北京：社会科学文献出版社.
沈清基，1996. 城市可持续发展原则与城市生态建设［J］. 城市规划汇刊，（5）：33-38.
宋永昌，戚仁海，由文辉，等，1999. 生态城市的指标体系与评价方法［J］. 城市环境与城市生态，12（5）：16-19.
苏智先，王仁卿，1993. 生态学概论［M］. 北京：高等教育出版社.
王如松，1988. 生态原理及其在城市生态学中的应用［J］. 城市环境与城市生态，1（2）：28-32.
王如松，1996. 城镇可持续发展的生态学方法［J］. 科技导报，（7）：50，55-58.
王如松，1998. 高效·和谐——城市生态调控原则与方法［M］. 长沙：湖南教育出版社.
王如松，欧阳志云，1994. 天城合一：山水城建设的人类生态学原理［A］//鲍世行，顾孟潮. 杰出科学家钱学森论：城市学与山水城市［M］. 北京：中国建筑工业出版社.
王如松，杨建新，2000. 产业生态学和生态产业转型［J］. 世界科技研究与发展，22（5）：24-32.
王祥荣，张静，1995. 试论上海建设生态城市的若干问题及对策［J］. 上海建设科技（4/5）：36-37，41-42.
王晔，张慧芳，2005. 以科学发展观促进人口、资源、环境与经济的协调［J］. 生产力研究，（1）：22-24.
王振江，1988. 系统动力学引论［M］. 上海：上海科学技术文献出版社.
吴人坚，2001. 建设有中国特色的生态城市［J］. 环境导报，（3）：39-41.
薛薇，2006. 基于 SPSS 的数据分析［M］. 北京：中国人民大学出版社.
杨光梅，李文华，闵庆文，2006. 生态系统服务价值评估研究进展——国外学者观点［J］. 生态学报，26（1）：205-212.
杨小波，吴庆书，等，2002. 城市生态学［M］. 北京：科学出版社.
杨永春，渠涛. 2006. 兰州城市环境污染效应研究［J］. 干旱区资源与环境，20（3）：48-53.
杨永春，曾尊固，2002. 兰州市地域结构分析地理科学［J］. 地理科学，22（4）：468-475.

于志熙，1992. 城市生态学［M］. 北京：中国林业出版社.

张芳，2001. 生态城市与生态环境［J］. 辽宁工程技术大学学报（社会科学版），3（2）：10.

张坤民，1997. 可持续发展论［M］. 北京：中国环境科学出版社.

张庆彩，黄志斌，董茜，2003. 论我国生态城市建设的思路、原则与对策［J］. 合肥工业大学学报（社会科学版），17（1）：83-87.

张志强，程国栋，徐中民，2002. 可持续发展评估指标、方法及应用研究［J］. 冰川冻土，24（4）：344-360.

赵丽芬，江勇，2001. 可持续发展战略学［M］. 北京：高等教育出版社.

郑世英，2001. 城市生态系统的特征性［J］. 生物学通报，36（5）：37-46.

BOSSEL H, 1999. Indicators for sustainable development: theory, method, applications: a report to the balaton group[R]. Winnipeg: International Institute for Sustainable Development.

DE GROOT R S, WILSON M A, BOUMANS R M J, 2002. A typology for the classification and valuation of ecosystem functions, goods and services[J]. Ecological economics, 7(4): 393-408.

DEVUYST D, 1999. Sustainability assessment: the application of a methodological framework [J]. Journal of environmental assessment and policy management, 1(4): 459-487.

DOMINSKI T, 1993. The evolution of eco-cities: we can transform today's cities through a three-step process: reduce, reuse, recycle[C]. Designing a sustainable future: making our buildings, neighborhoods, and cities sustainable (IC#35), 3(1): 21-32.

DOWNTON P F, 2009. Ecopolis: architecture and citios for a changing climate[M]. Basel: Birkhäuser.

FROSCH R A, 1992. Industrial ecology: a philosophical introduction[C]. Proceedings of the National Academy of Sciences, 89(3): 800-803.

GOODMAN D, 2002. Extrapolation in risk assessment: improving the quantification of uncertainty, and improving information to reduce the uncertainty[J]. Human and ecological risk assessment: an international journal, 8(1): 177-192.

HANLEY N, MOFFAT I, FAICHNEY R, et al, 1999. Measurings ustainablility: a time series of alternative indicators for Scotland[J]. Ecological Economics, 2(8): 55-73.

HARDI P, BARG S, HODGE T, 1997. Measuring sustainable development: review of current practice[M]. Ottawa: Industry Canada.

HARDI P, ZDAN T, 1997. Assessing sustainable development: principles in practice[R]. Winnipeg: International Institute for Sustainable Development.

JOHN E, NICHOLAS G, 1997. Industrial ecology in practice: the evolution of interdependence at Kalun-Borg[J]. Industrial ecology, 1(1): 3-5.

LANDIS W G, 2002. Uncertainty in the extrapolation from individual effects to impacts upon landscape[J]. Human and Ecological Risk Assessment, 8(1): 193-204.

OECD, 1998. Towards sustainable development: environmental indicators[M]. Paris: OECD.

OECD, 2001. Key environmental indicators[R]. Paris: OECD: 1-36.

OECD, 2001. Towards sustainable development: environmental indicators 2001[R]. Paris: OECD.

PAULUSSEN J, WANG R S, 2003. Eco-city development in China and the role of eco-industry[J]. Industry and environment, (S1): 94-99.

REGISTER R, 1987. Ecocity[M]. Berkeley: North Atlantic Books.

ROSELAND M, 1997. Dimensions of the future: an eco-city overview. eco-city dimensions[M]. New York: New Society Publishers.

SAATY T L, 2008. Decission making with the analytical hierarchy process [J]. International Student Services, 1(1): 83.

SASAKI Y, CHIBA Y, 2003. Successful intrauterine treatment of cystic hygroma colliusing[J]. Fetal diagnosis therapy, 18: 391-396.

United Nations Division of Sustainable Development, 2001. Indicators of sustainable development: guidelines and methodologies[R]. New York: UN-DSD.

United Nations Economic and Social Council, 2001. Information for decision-making and participation: report of the secretary-general[R]. Addendum: Commission on Sustainable Development Work Programme on Indicators of Sustainable Development. Commission on Sustainable Development, Ninth Session. New York: UN Economic and Social Council.

WANG R, YAN J, 1998. Integrating hardware，software and mindware for sustainable ecosystem development. Principles and methods of ecological engineering[J]. Ecological engineering, 11(1-4): 277-290.

WANG X G, 1998. Ecological planning and sustainable development: a case study an urban development in Shanghai, China[J]. International journal of sustainable development and world ecology, 5(3): 204-216.

WOODWARD P J, SOHAEG R, KENNEDY A, et al, 2005. From the archives of the AFIP: a comprehensive review of fetal tumors with patho-logic correlation[J]. Radiographics, 25: 215-242.

YANITSKY O N, 1987. The city and ecology[M]. Moskow: Nauka.

附　　录

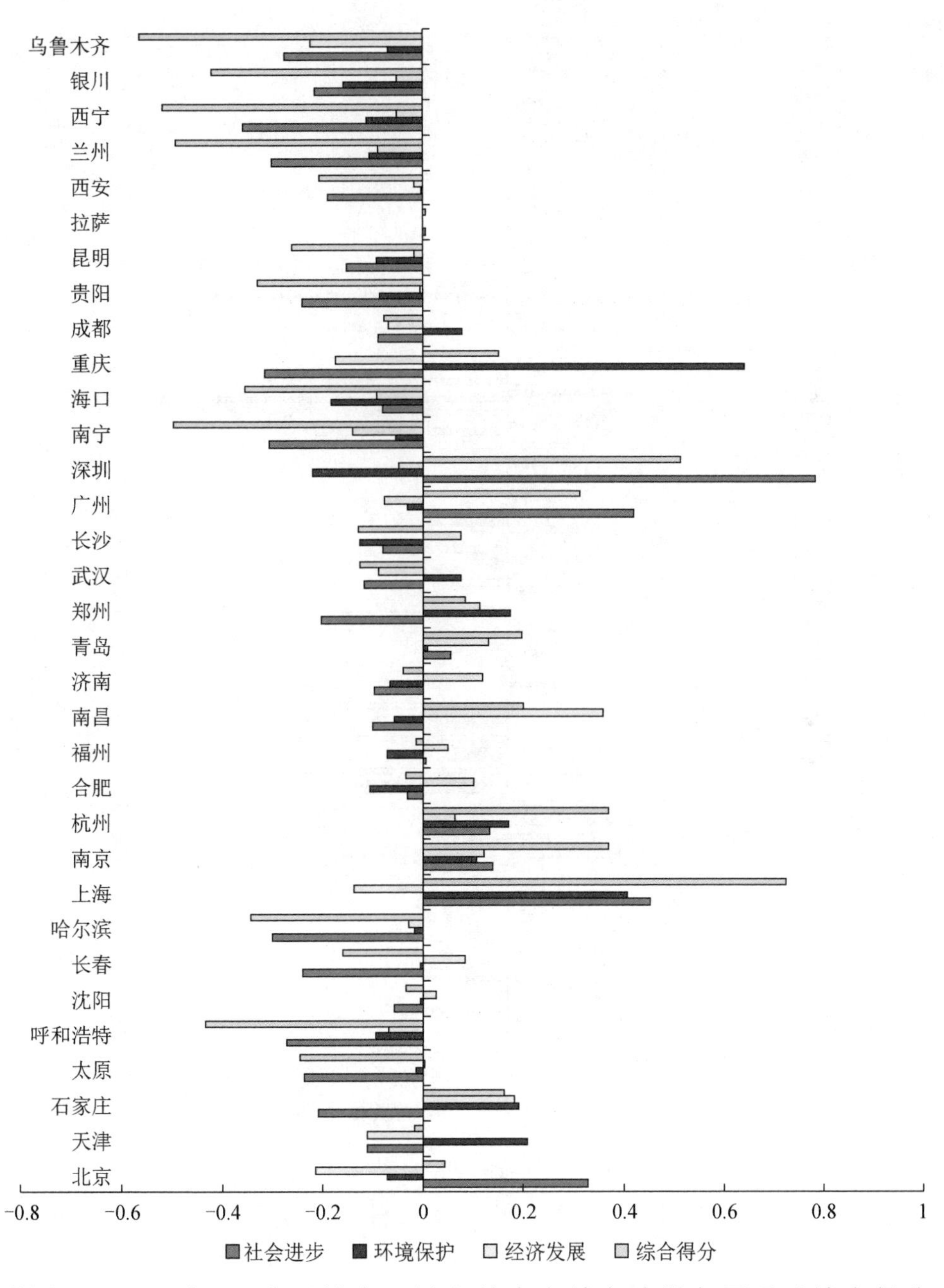

附图 1　2005 年 33 个区域中心城市的生态城市建设各因子及综合得分

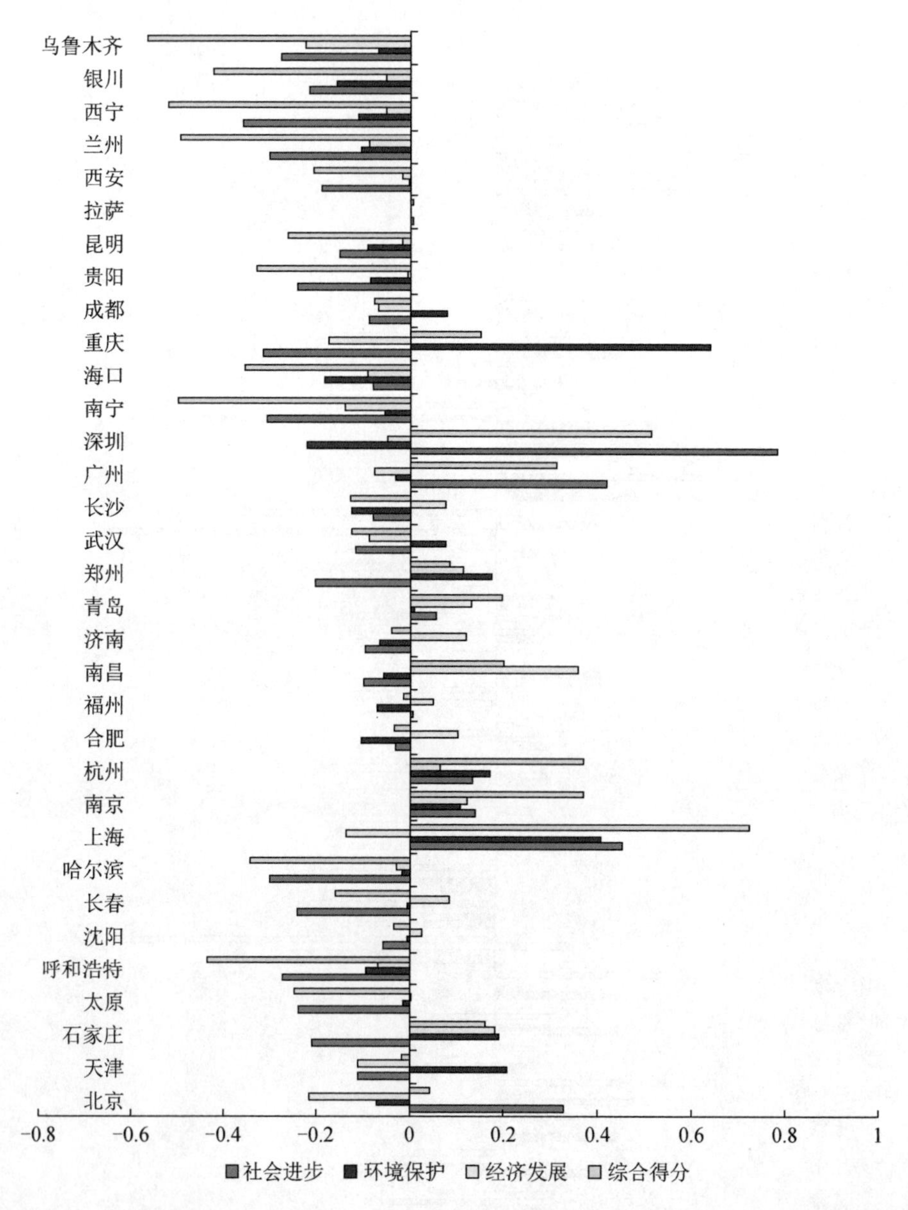

附图 2　2006 年 33 个区域中心城市的生态城市建设各因子及综合得分

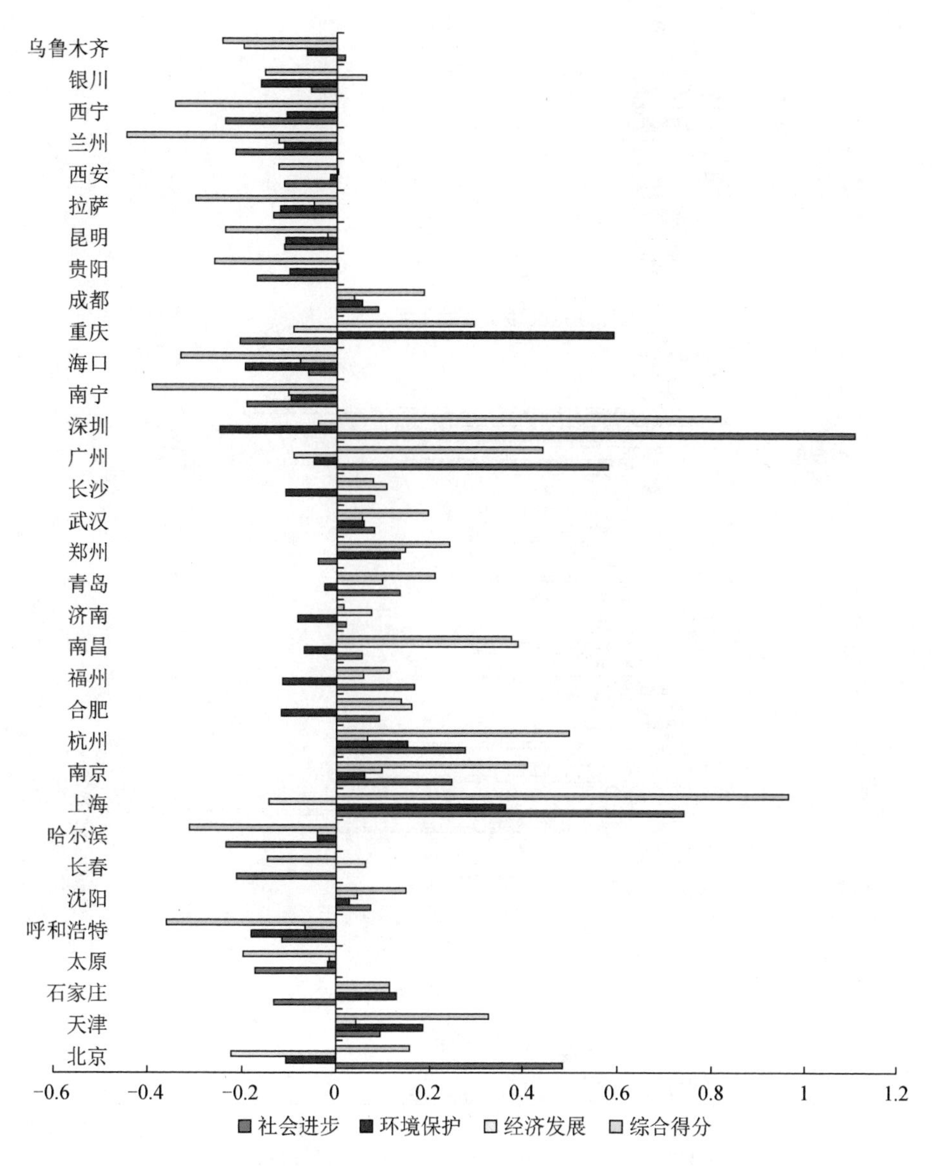

附图 3　2007 年 33 个区域中心城市的生态城市建设各因子及综合得分

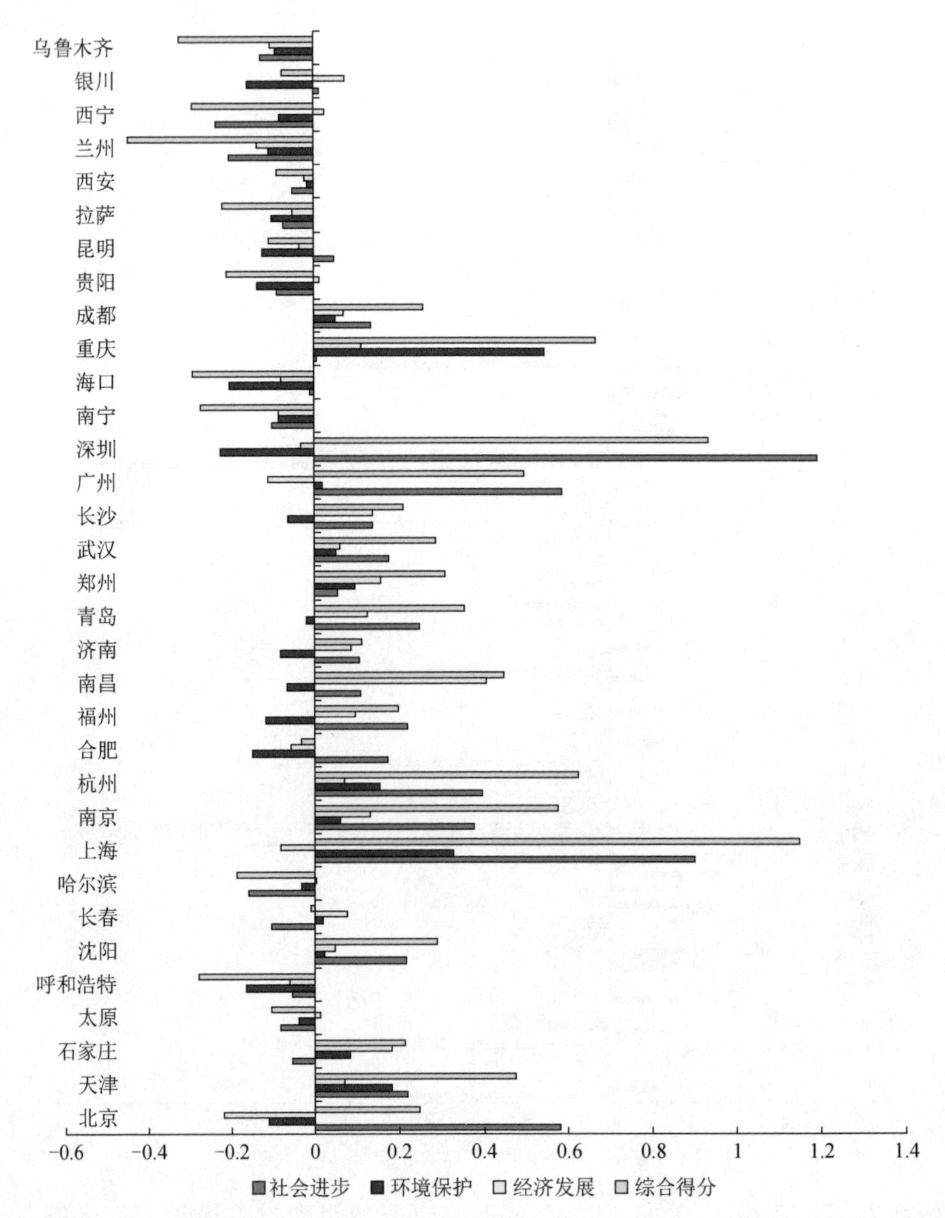

附图 4　2008 年 33 个区域中心城市的生态城市建设各因子及综合得分

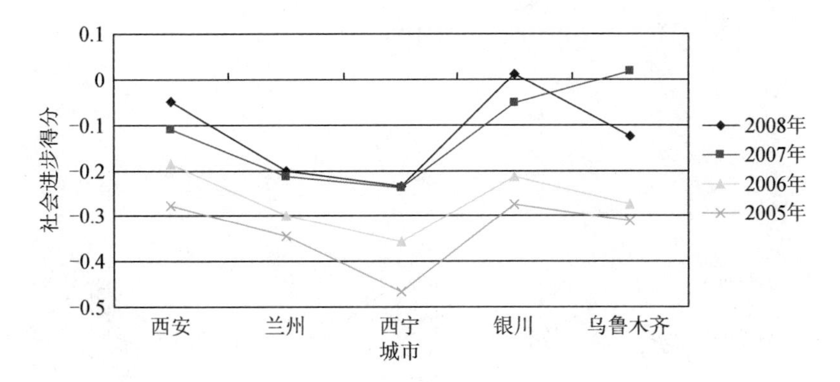

附图 5　2005～2008 年西北地区社会进步因子得分

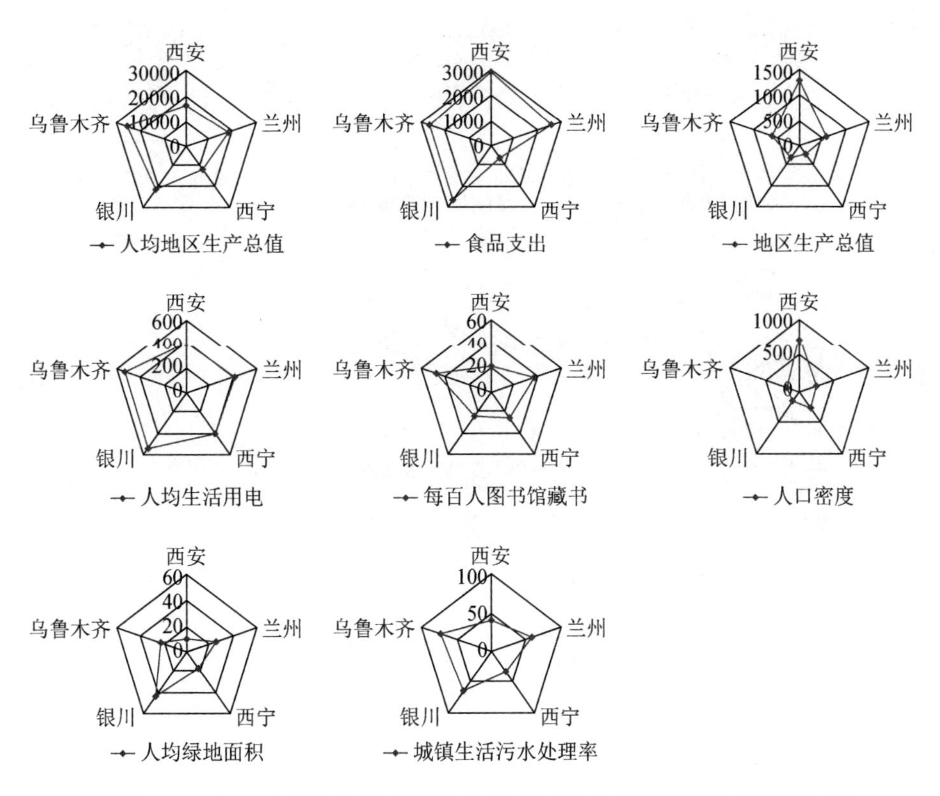

附图 6　2005 年西北地区社会进步因子各指标数据雷达图

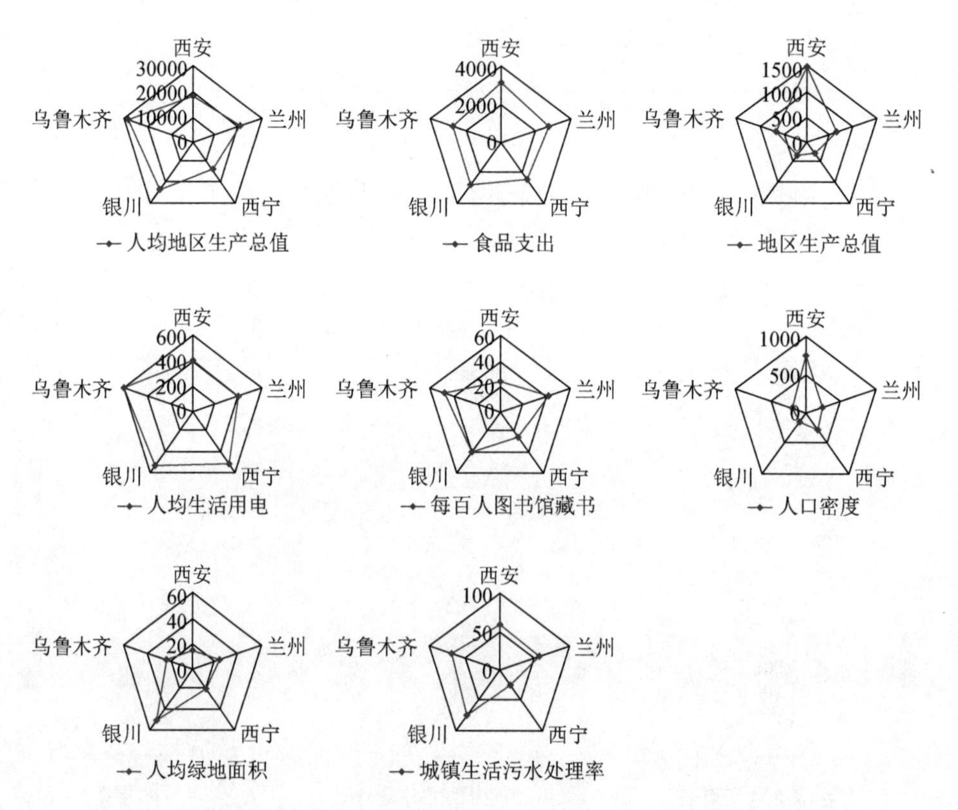

附图 7　2006 年西北地区社会进步因子各指标数据雷达图

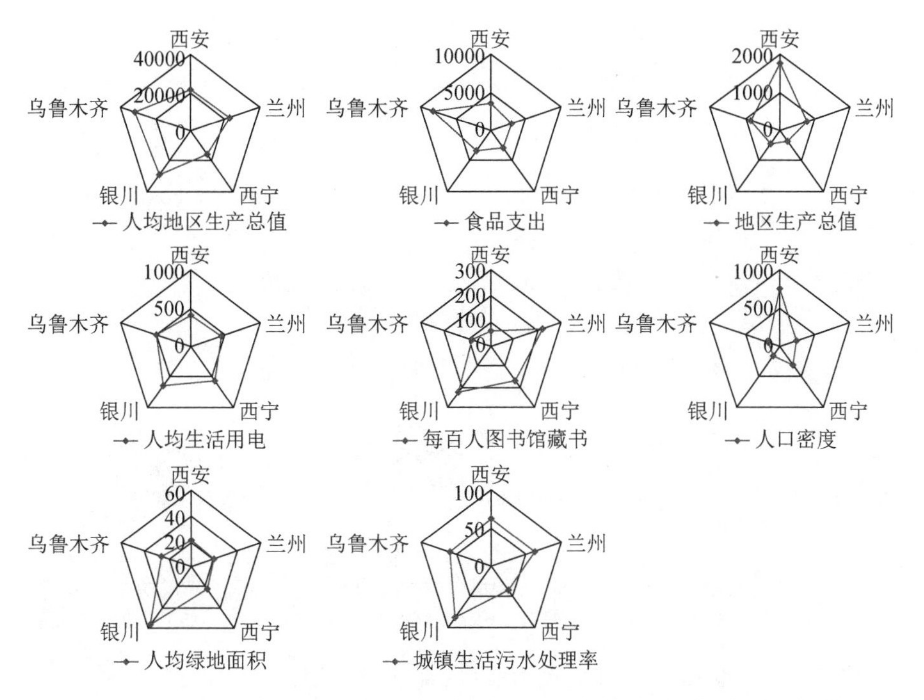

附图 8　2007 年西北地区社会进步因子各指标数据雷达图

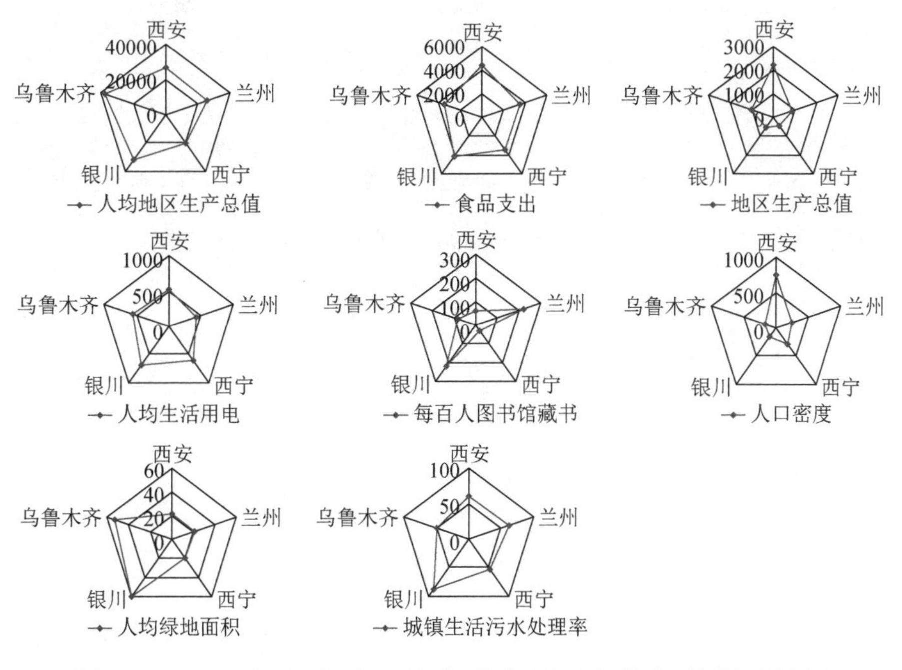

附图 9　2008 年西北地区社会进步因子各指标数据雷达图

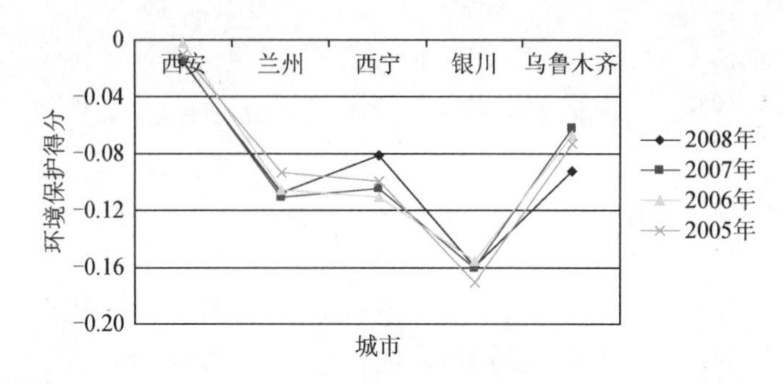

附图 10　2005～2008 年西北地区环境保护因子得分

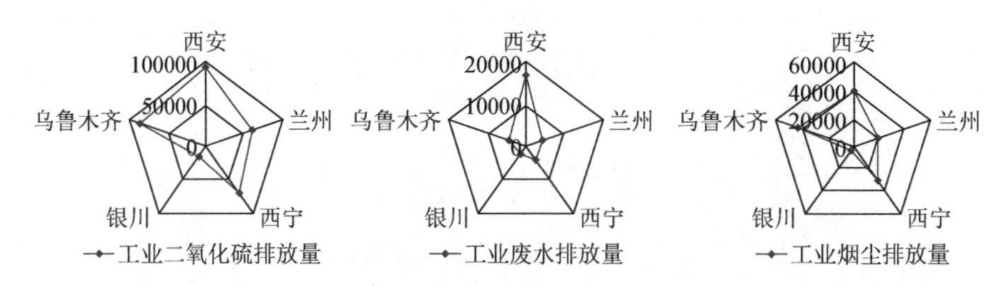

附图 11　2005 年西北地区环境保护因子各指标数据雷达图

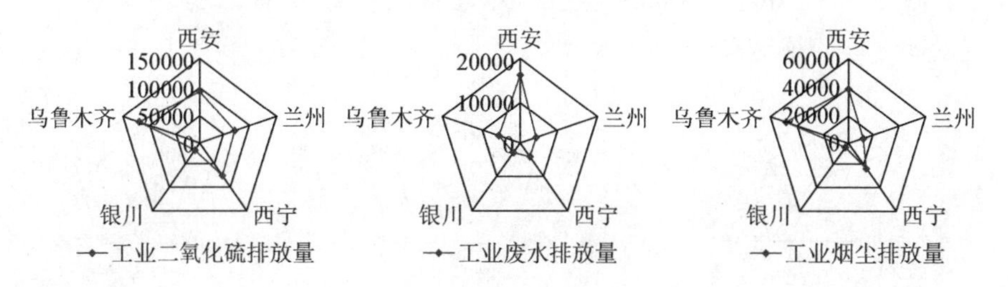

附图 12　2006 年西北地区环境保护因子各指标数据雷达图

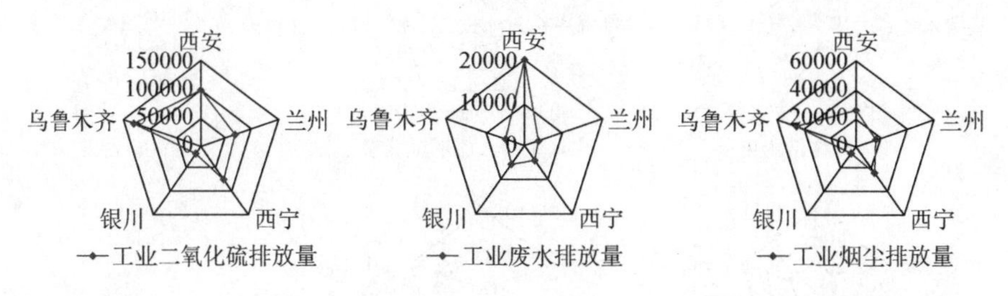

附图 13　2007 年西北地区环境保护因子各指标数据雷达图

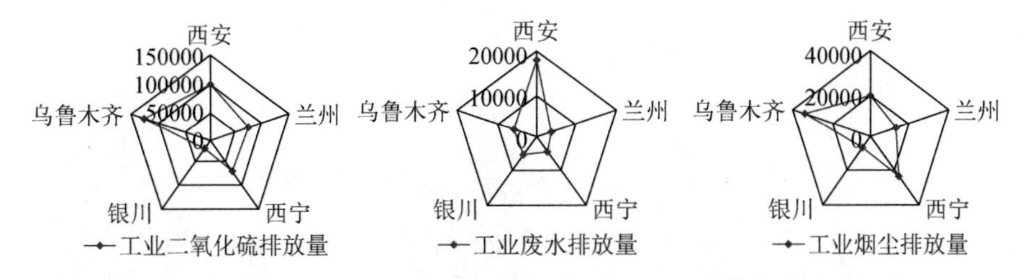

附图 14　2008 年西北地区环境保护因子各指标数据雷达图

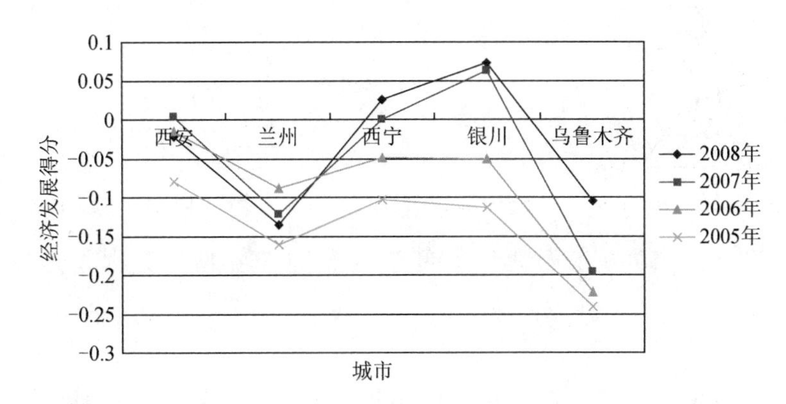

附图 15　2005～2008 年西北地区经济发展因子得分

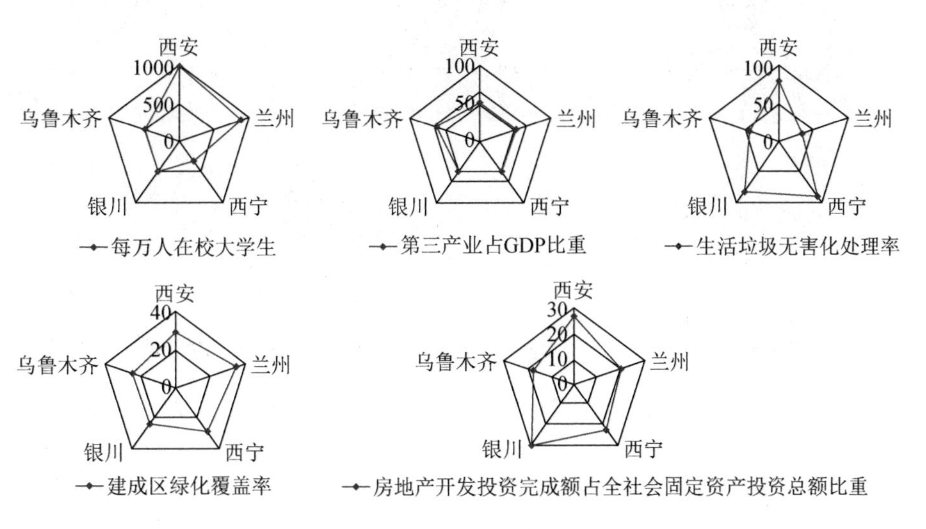

附图 16　2005 年西北地区经济发展因子各指标数据雷达图

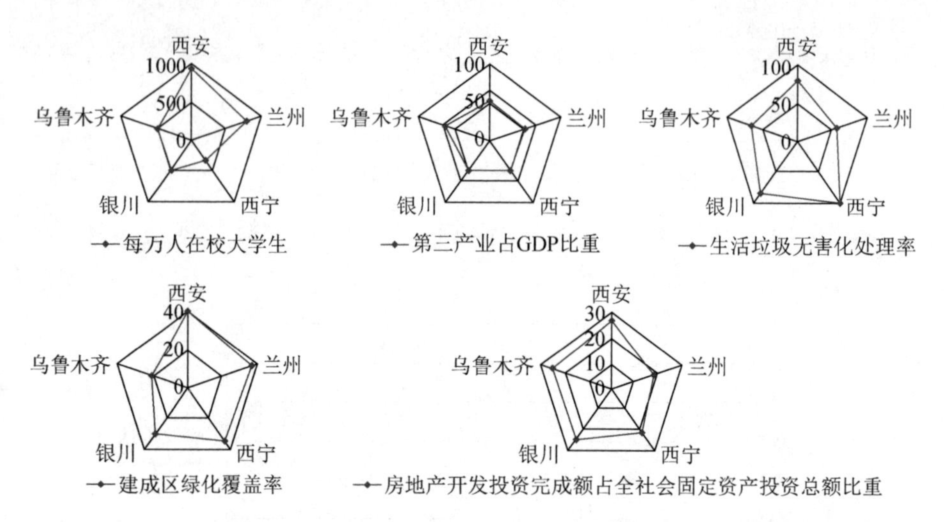

附图 17　2006 年西北地区经济发展因子各指标数据雷达图

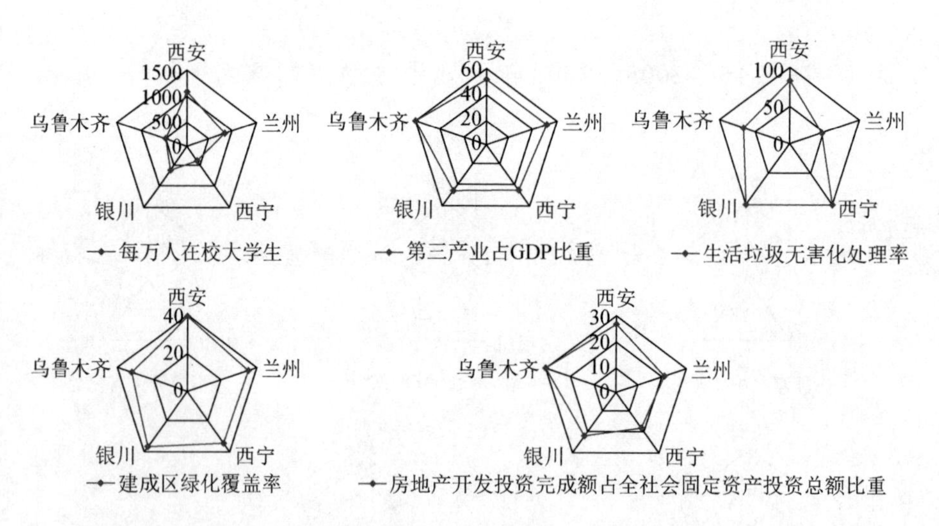

附图 18　2007 年西北地区经济发展因子各指标数据雷达图

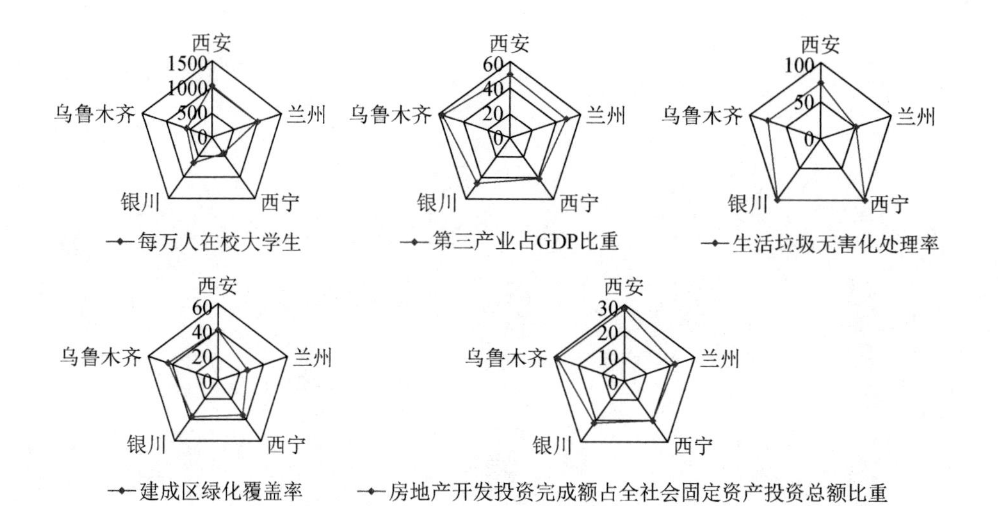

附图 19　2008 年西北地区经济发展因子各指标数据雷达图